定期テスト **ズバリよくでる** 数学｜1年 数研出版版

JN078044

もくじ

取り外してお使いください 赤シート＋直前チェックBOOK,別冊解答

※全国の定期テストの標準的な出題範囲を示しています。学校の学習進度とあわない場合は、「あなたの学校の出題範囲」欄に出題範囲を書きこんでお使いください。

Step 1 基本チェック ： 1 正の数と負の数

15分

教科書のたしかめ　[ ]に入るものを答えよう！

1 符号のついた数　▶ 教 p.16-20　Step 2 ❶-❹

解答欄

□(1)　0 より 5 大きい数，0 より 3 小さい数をそれぞれ正の符号，負の符号を使って表すと，[+5]，[-3]である。

(1) _____

□(2)　-7，0，+1.3，-3.6，4，$+\dfrac{1}{2}$，$-\dfrac{1}{4}$ で，自然数は[4]，負の整数は[-7]である。

(2) _____

□(3)　南北にのびる道があって，北へ 6 m 進むことを +6 m と表すことにすると，南へ 9 m 進むことは[-9 m]と表される。

(3) _____

□(4)　「-10 m 高い」は，正の数を使うと[10 m 低い]と表される。

(4) _____

2 数の大小　▶ 教 p.21-25　Step 2 ❺-❾

□(5)　数直線において，0 を表す点を[原点]といい，数直線の右の方向を[正]の方向，左の方向を[負]の方向という。

(5) _____
／

□(6)　下の数直線で，点 A は[+4]を，点 B は[-3]を，点 C は $\left[-1.5\left(-\dfrac{3}{2}\right) \right]$ を表している。

(6) _____

```
        B   C           A
  ┼─┼─┼─┼─┼─┼─┼─┼─┼─┼─┼
 -5 -4 -3 -2 -1  0 +1 +2 +3 +4 +5
```

□(7)　2 つの数 -8 と -5 の大小を不等号を使って表すと，-8[<]-5

(7) _____

□(8)　3 つの数 0，-1，+2 の大小を不等号を使って表すと，
-1[<]0[<]+2

(8) _____
／

(9) _____

□(9)　-2.5 の絶対値は[2.5]，+7 の絶対値は[7]

□(10)　-6 と +1 で，数が大きいのは[+1]，絶対値が大きいのは[-6]

(10) _____

教科書のまとめ　___ に入るものを答えよう！

□ 0 より大きい数を 正の数 ，0 より小さい数を 負の数 という。

□ 整数には，正の整数，0，負の整数があり，正の整数のことを 自然数 ともいう。

□ ある基準に関して反対の性質をもつ数量は，数の符号を 反対 にして表すことができる。

□ 数直線上で，原点から，ある数を表す点までの距離を，その数の 絶対値 という。

□ 数の大小　・負の数 <0< 正の数
　　　　　　・正の数は，0 より大きく，その数の絶対値が大きいほど 大きい 。
　　　　　　・負の数は，0 より小さく，その数の絶対値が大きいほど 小さい 。

Step 2　予想問題 ： 1 正の数と負の数

1ページ
30分

1章

【正の数，負の数①】

❶ 次の数を，正の符号，負の符号を使って表しなさい。

□(1)　0 より 5.1 大きい数　　　　　□(2)　0 より $\frac{3}{4}$ 小さい数

（　　　　　　　）　　　　　　（　　　　　　　）

❶
0 より大きい数の符号は「＋」，0 より小さい数の符号は「－」で表す。

【正の数，負の数②】

❷ 下の数の中から，次の数をすべて選びなさい。

□(1)　正の数　　　　　　　　□(2)　整数

（　　　　　　　）　　　（　　　　　　　）

$$-11,\ +0.8,\ -1.9,\ 0,\ +\frac{2}{5},\ +23,\ -\frac{6}{7},\ -5$$

❷
(1)正の数とは 0 より大きい数のことをいう。
(2)整数には，正の整数，0，負の整数がある。

【符号のついた数で表す①】

❸ 次の数量を，正の符号，負の符号を使って表しなさい。

□(1)　「60 kg 重いこと」を ＋60 kg と表すとき「35 kg 軽いこと」

（　　　　　　　）

□(2)　「200 円の収入」を ＋200 円と表すとき「1500 円の支出」

（　　　　　　　）

❸
ある数量を＋や－の符号を使って表すとき，反対の性質をもつ数量は，反対の符号を使って表すことができる。

【符号のついた数で表す②】

❹ [　　]内のことばを使って，次の数量を表しなさい。

□(1)　15 個多い[少ない]　　　□(2)　7 時間後[前]

（　　　　　　　）　　　（　　　　　　　）

❹
負の数を使って数量を表す。

【数直線】

❺ 下の数直線上に，次の数を表す点をかき入れなさい。

□(1)　$+\frac{7}{2}$　　□(2)　-2.5　　□(3)　$+6$　　□(4)　$-\frac{11}{2}$

❺
数直線では，0 より右側が正の数，0 より左側が負の数を表す。

```
 ├──┼──┼──┼──┼──┼──┼──┼──┼──┼──┼──┼──┼──┼──┤
 -7 -6 -5 -4 -3 -2 -1  0  +1 +2 +3 +4 +5 +6 +7
```

【数の大小と不等号】

❻ 次の各組の数の大小を，不等号を使って表しなさい。

☐(1)　$+2$，-4

（　　　　　　　　　）

☐(2)　0，-0.3

（　　　　　　　　　）

☐(3)　-12，-5

（　　　　　　　　　）

☐(4)　$-\dfrac{1}{2}$，$-\dfrac{1}{3}$

（　　　　　　　　　）

☐(5)　$+6$，-7，$+8$

（　　　　　　　　　）

☐(6)　$+1.8$，$+1.4$，-1.6

（　　　　　　　　　）

【絶対値①】

❼ 絶対値が $\dfrac{3}{7}$ になる数を答えなさい。
☐

（　　　　　　　　　）

【絶対値②】

❽ 絶対値が 2.5 より小さい整数をすべて答えなさい。
☐

（　　　　　　　　　）

【数直線と絶対値】

❾ 下の数直線上の点 A〜F について，(1)〜(3)に答えなさい。

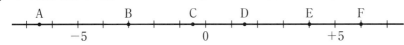

☐(1)　点 B からの距離が 2 である数をすべて答えなさい。

（　　　　　　　　　）

☐(2)　絶対値が 3 より大きい点をすべて答えなさい。

（　　　　　　　　　）

☐(3)　絶対値の大きい順に左から並べなさい。

（　　　　　　　　　）

ヒント

❻
不等号<，>を用いて表す。

ミスに注意
負の数は，その数の絶対値が大きいほど小さいので，注意しよう。

(5)，(6)3つの数の大小関係を表すとき，間に入る不等号は同じ向きにする。たとえば，$-5<-2<+6$

❼
ある数の絶対値は，その数の符号をとった数と同じになる。

❽
整数なので，0 もふくまれる。

❾
(1)点 B から，正の方向にも，負の方向にも2だけ離れている数を見つける。
(2)3 より大きい点を求めるので，点 B はふくまない。

テスト得ダネ
数の大小や絶対値についての問題はよく出題されるよ。数直線上に表して考えてみるのもよい解決方法のひとつだね。

　　　　　　　　　　　　　　　　　[解答 ▶ p.1]

Step 1 基本チェック

2 加法と減法／3 乗法と除法
4 いろいろな計算

15分

教科書のたしかめ　[　]に入るものを答えよう！

2 加法と減法　▶教 p.26-36　Step 2 ❶-❺

解答欄

□(1)　$(-1)+(-5)=[\ -6\ ]$，　$(+3)+(-7)=[\ -4\ ]$

(1)　　／

□(2)　$(-9)-(+4)=[\ -13\ ]$，　$(+4)-(-3)=[\ +7\ ]$

(2)　　／

□(3)　$2-7+8=2+[\ 8\ ]-7=[\ 10\ ]-7=3$

(3)　　／

3 乗法と除法　▶教 p.38-49　Step 2 ❻-⓬

□(4)　$(+6)\times(-5)=[\ -30\ ]$，　$(-8)\times(-3)=[\ +24\ ]$

(4)　　／

□(5)　$(-4)^2=[\ 16\ ]$，　$-4^2=[\ -16\ ]$

(5)　　／

□(6)　$(+72)\div(-8)=[\ -9\ ]$，　$(-36)\div(-9)=[\ +4\ ]$

(6)　　／

□(7)　$\dfrac{3}{5}$ の逆数は $\left[\ \dfrac{5}{3}\ \right]$，　$-\dfrac{1}{5}$ の逆数は $[\ -5\ ]$

(7)　　／

4 いろいろな計算　▶教 p.50-58　Step 2 ⓭-⓲

□(8)　$\{(-3)^2-4\}\div(-5)=[\ -1\ ]$

(8)

□(9)　$4\times2-4\div(-2)=[\ 10\ ]$

(9)

□(10)　12 を素因数分解すると，$[\ 2^2\times3\ ]$

(10)

□(11)　S さんは 3 か月間で読んだ本の数を，3 冊を基準として表にまとめた。S さんが 6 月に読んだ本は $[\ 2\ ]$ 冊である。

(11)

月	冊数(冊)
5月	+2
6月	−1
7月	0

教科書のまとめ　＿＿に入るものを答えよう！

□ 2つの数の和 { ・符号が 同じ とき，絶対値の和に，共通の符号をつける。
　　　　　　　　・符号が 異なる とき，絶対値の差に，絶対値の大きい方の符号をつける。

□ 2つの数の積と商 { ・符号が同じとき，絶対値の積または商に 正 の符号をつける。
　　　　　　　　　　・符号が異なるとき，絶対値の積または商に 負 の符号をつける。

□ 同じ数をいくつかかけ合わせたものを，その数の 累乗 という。5^2 と表したときの2は，かけ合わせた同じ数の個数を表しており，指数 という。

□ 自然数全体のように，それにふくまれるかどうかをはっきりと決められるものの集まりを 集合 という。

□ 2, 3, 5, 7, 11, ……のように，それよりも小さい自然数の積の形には表すことができない自然数を 素数 という。ただし，1は素数にふくめない。素数は，約数が1とその数の 2 個しかない自然数である。

□ 素数である約数を 素因数 といい，自然数を素因数だけの積の形に表すことを 素因数分解 するという。

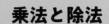

Step 2 予想問題 ・ ② 加法と減法／③ 乗法と除法
④ いろいろな計算

1ページ
30分

【2つの数の加法】

❶ 次の計算をしなさい。

□(1) $(-7)+(-4)$　　　　□(2) $(+17)+(-25)$

□(3) $0+(-6)$　　　　□(4) $(-14)+(+16)$

【加法の計算法則】

❷ くふうして，次の計算をしなさい。

□(1) $(+13)+(-2)+(+6)+(-8)$

□(2) $(-12)+(+14)+(-22)+(+16)$

【減法】

❸ 次の計算をしなさい。

□(1) $(+6)-(+23)$　　　　□(2) $(+11)-(-17)$

□(3) $(-5)-(-10)$　　　　□(4) $0-(-8)$

【小数・分数の加減】

❹ 次の計算をしなさい。

□(1) $(-5.4)+(+3.8)$　　　　□(2) $(-2.6)-(-8.4)$

□(3) $(+10.3)-(+13.8)$　　　　□(4) $\left(-\dfrac{1}{6}\right)+\left(+\dfrac{2}{3}\right)$

□(5) $\left(+\dfrac{1}{2}\right)-\left(-\dfrac{1}{4}\right)$　　　　□(6) $\left(-\dfrac{3}{2}\right)-\left(+\dfrac{1}{3}\right)$

💡ヒント

❶
2つの数の符号が異なるときは，絶対値の差に，絶対値が大きい方の符号をつける。

❷
加法では，交換法則や結合法則が成り立つ。
加法の交換法則
　□+○=○+□
加法の結合法則
　(□+○)+△
　=□+(○+△)

❸
減法は，ひく数の符号を変えて，加法になおしてから計算する。

❹
小数や分数をふくむ場合でも，整数のときと計算のしかたは同じである。

📋テスト得ダネ
分数の減法では，
①加法になおす
②通分する
という2つのポイントがあるので，気をつけて計算しよう。

[解答 ▶ p.2]

【加法と減法の混じった式の計算】

❺　次の計算をしなさい。

□(1)　$-6+18-25+9$

□(2)　$-14-(-27)+(-12)+4$

□(3)　$7.5-(-3.9)+1.3$

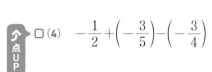 □(4)　$-\dfrac{1}{2}+\left(-\dfrac{3}{5}\right)-\left(-\dfrac{3}{4}\right)$

【2つの数の乗法】

❻　次の計算をしなさい。

□(1)　$(-3)\times(+7)$

□(2)　$0\times(-10)$

□(3)　$(-8)\times(-0.4)$

□(4)　$\left(-\dfrac{10}{3}\right)\times\left(+\dfrac{2}{5}\right)$

【乗法の計算法則】

❼　くふうして，次の計算をしなさい。

□(1)　$(-2)\times(-9)\times(-50)$

□(2)　$7\times(-15)\times\left(-\dfrac{1}{5}\right)$

【積の符号と絶対値】

❽　次の計算をしなさい。

□(1)　$(-4)\times2\times(-8)$

□(2)　$5\times(-3)\times6$

□(3)　$(-6)\times(-12)\times\left(-\dfrac{1}{4}\right)\times\left(-\dfrac{3}{2}\right)$

【累乗の計算】

❾　次の計算をしなさい。

□(1)　-2^2

□(2)　$(-7)^2$

□(3)　$\left(-\dfrac{1}{3}\right)^3$

□(4)　$(-1)^3\times(-6^2)$

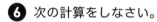 ❓ヒント

❺

正の項，負の項にわけ
て計算する。

❻

はじめに，積の符号を
決める。
$(+)\times(+)\to(+)$
$(-)\times(-)\to(+)$
$(+)\times(-)\to(-)$
$(-)\times(+)\to(-)$

❼

乗法では，加法と同じ
ように，交換法則や結
合法則が成り立つ。
乗法の交換法則
　□×○＝○×□
乗法の結合法則
　(□×○)×△
　＝□×(○×△)

❽

3つ以上の数の積の符
号は，負の数が
奇数個のとき→（－）
偶数個のとき→（＋）
になる。

❾

(1)$-(2\times2)$

❌｜ミスに注意

・-4^2
$=-(4\times4)=-16$
・$(-4)^2$
$=(-4)\times(-4)$
$=16$
$-○^2$ と $(-○)^2$ の
ちがいに注意しよう。

【2つの数の除法】

⑩ 次の計算をしなさい。

□(1) $(+12) \div (-1)$

□(2) $0 \div (-7)$

□(3) $(-3.6) \div (-6)$

□(4) $(-4) \div (-15)$

【除法を乗法になおす】

⑪ 次の計算をしなさい。

□(1) $\left(-\dfrac{3}{10}\right) \div \dfrac{6}{5}$

□(2) $\left(-\dfrac{25}{42}\right) \div \left(-\dfrac{5}{7}\right)$

【乗法と除法の混じった式の計算】

⑫ 次の計算をしなさい。

□(1) $(-3) \times 6 \div 9$

□(2) $24 \times \dfrac{3}{8} \div \left(-\dfrac{9}{10}\right)$

□(3) $4^2 \times 2 \div (-8)$

□(4) $\dfrac{4}{5} \div \left(-\dfrac{2}{5}\right) \times \left(-\dfrac{7}{8}\right)$

【四則の混じった式の計算】

⑬ 次の計算をしなさい。

□(1) $16 - 21 \div 3$

□(2) $7 \times (-2) + (-4) \times 8$

□(3) $(-45 + 15) \div (-5)$

□(4) $(-2^2) - 12 \div (-3)$

□(5) $\dfrac{2}{3} \times \left(-\dfrac{1}{4}\right) - \left(-\dfrac{5}{6}\right)$

□(6) $(-6)^2 \times \{(-5) \times 2 - (-9)\}$

【分配法則】

⑭ 分配法則を利用して，次の計算をしなさい。

□(1) $\left(-\dfrac{2}{3} + \dfrac{3}{4}\right) \times 24$

□(2) $72 \times (-4) + (-12) \times (-4)$

[解答 ▶ p.3]

【数の集合と四則】

⓯ ○と△の数がどちらも自然数のとき，次の⑦〜⊕の式で答えがいつ
　も自然数になるものをすべて選びなさい。

　　⑦　○＋△　　　　　　　　⑦　○－△

　　⑦　○×△　　　　　　　　⊕　○÷△

（　　　　　　　　）

⓯

○と△に自然数を入れ
て確かめてみる。

【素因数分解】

⓰ 次の数を素因数分解しなさい。

　□(1)　30　　　　　　　　　□(2)　60

　　　　（　　　　　　　）　　　　　　（　　　　　　　）

　□(3)　72　　　　　　　　　□(4)　147

　　　　（　　　　　　　）　　　　　　（　　　　　　　）

⓰

素数の積の形で表す。
指数が使える場合には，
指数を使って表す。

【自然数の平方と素因数分解】

⓱ 次の数は，ある自然数の平方です。その自然数を求めなさい。

　□(1)　324　　　　　　　　□(2)　676

　　　　（　　　　　　　）　　　　　　（　　　　　　　）

⓱

2 乗のことを平方とい
う。たとえば，$25＝5^2$
なので，25 は 5 の平方
である。
素数の積の形で表した
あと，□×□の形に変
形する。

【正の数，負の数の利用】

⓲ 次の表は，5 人の生徒 A〜E の数学のテストの得点が，70 点より何点
　高いかを示したものです。

生　徒	A	B	C	D	E
ちがい(点)	＋22	－8	－1	－14	＋16

　□(1)　得点がもっとも高い人はだれで，それは何点ですか。

　　　　　　生徒（　　　　　　　　）　得点（　　　　　　　）

　□(2)　B と E の得点の差を求めなさい。

（　　　　　　　）

　□(3)　5 人の平均点を求めなさい。

（　　　　　　　）

⓲

(3)(平均)＝(基準の値)
　＋(基準とのちがい
　の平均) で求めるこ
　とができる。

テスト得ダネ

正の数，負の数の利
用では，このタイプ
の問題がよく出るよ。
よく理解しておこう。

Step 3 予想テスト　1章 正の数と負の数

30分　目標80点　／100点

❶ 次の問いに答えなさい。知　　　　　　　　　　　　　　　12点(各4点)

□(1) 「20人減少したこと」を −20人と表すとき，「150人増加したこと」はどのように表すことができますか。符号を使って表しなさい。

□(2) 3つの数 −0.2，−2，0 の大小を，不等号を使って表しなさい。

□(3) 絶対値が2より小さい整数をすべて答えなさい。

❷ 次の計算をしなさい。知　　　　　　　　　　　　　　　　24点(各4点)

□(1) $(+9)+(-17)$　　　□(2) $(-13)-(-7)$　　　□(3) $4-7.2$

□(4) $\left(-\dfrac{4}{5}\right)+\dfrac{4}{9}$　　　□(5) $10-6+8-3$　　　□(6) $22+(-5)-14-(-8)$

❸ 次の計算をしなさい。知　　　　　　　　　　　　　　　　16点(各4点)

□(1) $(-8)\times(-9)$　　　　　　　　□(2) $5.6\div(-0.7)$

□(3) $(-2)\times9\div6$　　　　　　　　□(4) $\dfrac{1}{6}\div\left(-\dfrac{5}{12}\right)\div\left(-\dfrac{3}{10}\right)$

❹ 次の計算をしなさい。知 考　　　　　　　　　　　　　　16点(各4点)

□(1) $12\div(-3)+5\times(-2)$　　　　　□(2) $2-4\times(-7)-18$

□(3) $3^2-(-48)\div6$　　　　　　　　□(4) $(-5^2)-\{(-3)^2+7\}\div2$

❺ 次の⑦～⑦の文章は，いつでも正しいといえますか。いつでも正しいといえるものには○を，正しいといえないものには×を書き，その例を1つあげなさい。知 考　　　12点(各4点)

⑦ 正の数にどんな数をたしても，答えはもとの数より大きくなる。

④ 負の数から負の数をひくと，答えは正の数になる。

⑦ 0から正の数をひくと，答えは負の数になる。

6 30 以上 50 以下の自然数のうち，素数をすべて書きなさい。🈔

4 点

7 次の数を素因数分解しなさい。🈔

6 点（各 3 点）

(1) 50　　　　　　　　　　　　　　(2) 54

8 A さんは，家で毎日 30 分間勉強することを目標にしています。次の表は，ある週の勉強時間を，30 分を基準としてまとめたものです。ただし，30 分より長い場合は正の数で，短い場合は負の数で表しています。🈔 🈭

10 点（各 5 点）

曜　日	日	月	火	水	木	金	土
ちがい（分）	−10	+3	−4	+2	−5	+6	+1

(1) この 1 週間の勉強時間の合計を求めなさい。

(2) 1 日あたりの勉強時間の平均を求めなさい。

❶	(1)		(2)	
	(3)			
❷	(1)	(2)		(3)
	(4)	(5)		(6)
❸	(1)		(2)	
	(3)		(4)	
❹	(1)		(2)	
	(3)		(4)	
❺	㋐		㋑	
	㋒			
❻				
❼	(1)		(2)	
❽	(1)		(2)	

Step 1 基本チェック　1 文字と式

15分

教科書のたしかめ　[ ]に入るものを答えよう！

1 文字を使った式　▶教 p.64-67　Step 2 ❶

解答欄

□(1)　1辺の長さが $a$cm の正三角形の周の長さを文字式で表すと，
　　　([$a\times3$])cm

(1)

□(2)　1本80円の鉛筆を x 本，90円の鉛筆を y 本買うときの代金の合
　　　計を文字式で表すと，([$80\times x$]＋[$90\times y$])円

(2)

2 文字式の表し方　▶教 p.68-70　Step 2 ❷-❹

□(3)　$5\times x$ を，積の表し方にしたがって書くと[$5x$]

(3)

□(4)　$(-1)\times b$ を，積の表し方にしたがって書くと[$-b$]

(4)

□(5)　$(a+b)\times6$ を，積の表し方にしたがって書くと[$6(a+b)$]

(5)

□(6)　$y\times y\times y$ を，積の表し方にしたがって書くと[y^3]

(6)

□(7)　$x\div5$ を，商の表し方にしたがって書くと$\left[\ \dfrac{x}{5}\left(\dfrac{1}{5}x\right)\ \right]$

(7)

□(8)　$7b^2c$ を，記号×を使って表すと[$7\times b\times b\times c$]

(8)

3 いろいろな数量の表し方　▶教 p.71-73　Step 2 ❺

□(9)　時速 x km で2時間走った道のりを文字式で表すと，[$2x$]km

(9)

4 式の値　▶教 p.74-75　Step 2 ❻-❽

□(10)　$a=3$ のとき，$3a+2$ の値は[11]

(10)

□(11)　$b=-4$ のとき，b^2 の値は[16]

(11)

□(12)　$a=-2$ のとき，$\dfrac{4}{a}$ の値は[-2]

(12)

□(13)　$x=2$，$y=-1$ のとき，$2x-3y$ の値は[7]

(13)

教科書のまとめ　___に入るものを答えよう！

□文字式の表し方　・文字式では，乗法の記号×をはぶく。　　$a\times b=\underline{ab}$

　　　　　　　　　・文字と数の積では，数を文字の前に書く。　$a\times4=\underline{4a}$

　　　　　　　　　・同じ文字の積では，指数を使って書く。　$a\times a=\underline{a^2}$

　　　　　　　　　・文字式では，除法の記号÷を使わず，分数の形で書く。　$a\div b=\underline{\dfrac{a}{b}}$

□円周率は $\underline{\pi}$ という文字で表す。

□式の中の文字を数におきかえることを，文字にその数を 代入する といい，代入して計算した
　結果を，そのときの 式の値 という。

Step 2 予想問題　│　**1 文字と式**

1ページ
30分

2章

【文字を使った式】

❶ 次の数量を文字式で表しなさい。

☐(1)　1 個 a 円のりんごを 4 個買い，1000 円出したときのおつり

（　　　　　　　　　　　）

☐(2)　縦が x cm，横が y cm の長方形の周の長さ

（　　　　　　　　　　　）

【文字式の表し方①】

❷ 次の式を，文字式の表し方にしたがって書きなさい。

☐(1)　$b×(-1)×a$　　☐(2)　$x×x×y×x×y$　☐(3)　$(x-y)×5$

☐(4)　$a÷(-8)$　　☐(5)　$(a+b)÷9$　　☐(6)　$x÷4÷y$

☐(7)　$2×a÷5$　　☐(8)　$7÷a×b$　　☐(9)　$6×x+y÷11$

【文字式の表し方②】

❸ 次の数量を，文字式の表し方にしたがって書きなさい。

☐(1)　x と y の積の 5 倍

（　　　　　　　　　　　）

☐(2)　x と y の和の 5 倍

（　　　　　　　　　　　）

【文字式の表し方③】

❹ 次の式を，記号×や÷を使って表しなさい。

☐(1)　$-xy$　　　　☐(2)　$4ab^2$　　　☐(3)　$\dfrac{3a}{b}$

☐(4)　$\dfrac{2(a+b)}{5}$　点UP ☐(5)　$2x+\dfrac{4}{y}$　点UP ☐(6)　$\dfrac{c}{a+b}$

💡ヒント

❶
(2)長方形の周は，
　（縦＋横）×2

✖ミスに注意
単位をつけ忘れない
ようにしよう。

❷
文字式では，乗法の記
号×をはぶく。また，
除法の記号÷を使わず，
分数の形で書く。
(3)，(5)かっこの中の式
　は 1 つのものと
　みる。
(9)加法の記号＋や減法
　の記号－ははぶくこ
　とができない。

❸
5 倍する数量は，
(1)→ x と y の積
(2)→ x と y の和

❹
分数の形は，除法の記
号÷を使って表す。
(6)$a+b$ にかっこをつ
　ける。

【いろいろな数量の表し方】

❺ 次の数量を文字式で表しなさい。

□(1)　1個 a 円のボールを10個，1本 b 円のバットを3本買ったときの代金の合計　　　　（　　　　　　　）

□(2)　定価 x 円の品物を3割引きで売ったときの売り値
　　　　　　　　　　　　　　　　（　　　　　　　）

□(3)　x km の道のりを，時速 a km で進むときにかかった時間
　　　　　　　　　　　　　　　　（　　　　　　　）

□(4)　半径が $3a$ cm の円の面積
　　　　　　　　　　　　　　　　（　　　　　　　）

【式の値①】

❻ $x=4$ のとき，次の式の値を求めなさい。

□(1)　$5x+3$　　　　　　　　□(2)　$8-2x$

□(3)　x^2　　　　　　　　　□(4)　$-x^2$

【式の値②】

❼ $a=-2$，$b=3$ のとき，次の式の値を求めなさい。

□(1)　$3a+2b$　　　　　　　□(2)　$\dfrac{a}{b}$

□(3)　a^2-3b　　　　　　　□(4)　$4a-b^2$

【文字式と式の値】

❽ 1辺が2cmの正方形を，下の図のように横に1列に並べていきます。

□　2cm　　　□□　2cm　　　□□□　2cm

□(1)　正方形を横に2個，3個並べたときの周の長さを求めなさい。

　　　　2個のとき（　　　　　　　）　3個のとき（　　　　　　　）

□(2)　正方形を横に n 個並べたときの周の長さを n の式で表しなさい。

　　　　　　　　　　　　　　　　　　　（　　　　　　　）

□(3)　正方形を横に100個並べたときの周の長さを求めなさい。

　　　　　　　　　　　　　　　　　　　（　　　　　　　）

ヒント

❺
(2) 3割 → $\dfrac{3}{10}$

　3割引き → $1-\dfrac{3}{10}$

(3) (速さ)
　＝(道のり)÷(時間)
　(道のり)
　＝(速さ)×(時間)
　(時間)
　＝(道のり)÷(速さ)

(4) (円の面積)
　＝(半径)×(半径)
　　×(円周率)

❻
(4) $-(4\times4)$

テスト得ダネ

式の値では，x^2，$-x^2$，$(-x)^2$ のちがいがねらわれるので，理解しておこう。

❼
負の数を代入するときは，かっこをつけて計算すると，まちがいが少なくなる。

❽
縦の長さは2cmで変わらない。
横の長さは，2個のとき (2×2) cm，3個のとき (2×3) cm となる。

Step 1 基本チェック ： ② 文字式の計算　③ 文字式の利用

15分

2章

教科書のたしかめ　[　]に入るものを答えよう！

② 文字式の計算　▶教 p.78-85　Step 2 ❶-❻

解答欄

□(1)　$-3x+2$ の項は [$-3x$]，[2]

□(2)　$-5x$ の係数は [-5]，$-a$ の係数は [-1]

□(3)　$2x+5x=$ [$7x$]，$2x-5x=$ [$-3x$]

□(4)　$7x+4-2x-9=$ [$5x-5$]

□(5)　$(3x+8)+(x-5)=$ [$4x+3$]

□(6)　$(6a-2)-(5a+3)=$ [$a-5$]

□(7)　$3a×6=$ [$18a$]

□(8)　$-2(4x+5)=$ [$-8x-10$]

□(9)　$24x÷(-4)=$ [$-6x$]

□(10)　$(20a-15)÷5=$ [$4a-3$]

(1)　　　／
(2)　　　／
(3)　　　／
(4)
(5)
(6)
(7)
(8)
(9)
(10)

③ 文字式の利用　▶教 p.87-91　Step 2 ❼❽

□(11)　n を自然数とするとき，$2n$ は [偶数] を表し，$2n-1$ は [奇数] を表す。

□(12)　1000 円出して，x 円の切符を 3 枚買うと，おつりは y 円である。この関係を等式で表すと，[$1000-3x=y$]

□(13)　1 個 a g のおもり 5 個と，1 個 b g のおもり 7 個の合計の重さが 200 g 以上であるとき，この関係を不等式で表すと，[$5a+7b≧200$]

(11)

(12)

(13)

教科書のまとめ　___ に入るものを答えよう！

□ 式 $2x-1$ で，$2x$ と -1 を，それぞれ式 $2x-1$ の <u>項</u> という。

□ 文字をふくむ項 $2x$ で，数の部分 2 を x の <u>係数</u> という。

□ $2x$ のように，0 でない数と 1 つの文字の積で表される項を <u>1次の項</u> という。

□ 1 次の項だけの式か，1 次の項と数の項の和で表される式を <u>1次式</u> という。

□ 数量が等しいという関係を，等号＝を使って表した式を <u>等式</u> という。

□ 数量の大小関係を，不等号を使って表した式を <u>不等式</u> という。

□ 不等号は，＞，＜，≧，≦ があり，$x≧2$ は，x が <u>2以上</u> であることを，$x≦2$ は，x が <u>2以下</u> であることを表している。

□ x が 2 未満であることは，<u>$x<2$</u> と表される。

□ 等号，不等号の左側の式… <u>左辺</u> ｝合わせて <u>両辺</u> という。
　等号，不等号の右側の式… <u>右辺</u>

Step 2 予想問題

2 文字式の計算
3 文字式の利用

1ページ
30分

【項と係数】

❶ 次の式の項と，文字をふくむ項の係数をいいなさい。

☐(1)　$-x+9$

☐(2)　$3+\dfrac{x}{6}$

項（　　　　　）　　　　　　　　項（　　　　　）

係数（　　　　　）　　　　　　係数（　　　　　）

【式をまとめる】

❷ 次の計算をしなさい。

☐(1)　$9a+8a$

☐(2)　$-x-7x$

☐(3)　$4a+5+10a-2$

☐(4)　$8-3x-12+2x$

【1次式の加法と減法】

❸ 次の計算をしなさい。

☐(1)　$(6a-1)+(1+3a)$

☐(2)　$(11x+8)+(-4x-2)$

☐(3)　$(-2x+6)-(5-x)$

☐(4)　$(4a-3)-(-a-1)$

【1次式と数の乗法，除法】

❹ 次の計算をしなさい。

☐(1)　$7x\times(-4)$

☐(2)　$\left(-\dfrac{2}{3}y\right)\times9$

☐(3)　$-48a\div(-6)$

☐(4)　$6x\div\left(-\dfrac{3}{2}\right)$

🔆 **ヒント**

❶

(2)$\dfrac{x}{6}$は $x\div6=x\times\dfrac{1}{6}$

と考える。

❌ **ミスに注意**

$-x=(-1)\times x$ なので，$-x$ の係数は -1 であることに注意しよう。

❷

文字の部分が同じ項は，分配法則を使ってまとめることができる。

$ax+bx=(a+b)x$

❸

まず，かっこをはずし，文字の部分が同じ項，数の項を集めて，それぞれをまとめる。

❌ **ミスに注意**

1次式の減法は，ひく式の各項の符号を，＋は－に，－は＋に変え忘れないようにしよう。

❹

(3)，(4)除法では，わる数の逆数をかけて計算する。

［解答 ▶ p.6-7］

【項が2つある1次式と数の乗法，除法】

❺ 次の計算をしなさい。

□(1)　$-2(8b-6)$

□(2)　$\dfrac{2x+3}{5} \times 10$

□(3)　$(-21a+7) \div (-7)$

□(4)　$(3x-8) \div \dfrac{1}{4}$

【いろいろな1次式の計算】

❻ 次の計算をしなさい。

□(1)　$-2(a-8)+5(3a-2)$

□(2)　$6(2y+1)-\dfrac{1}{4}(8y-12)$

【文字式の表す数量】

❼ 1辺が a cm の正方形について，次の式はどのような数量を表しているか答えなさい。また単位をいいなさい。

□(1)　a^2

　　（　　　　　　　　　　　　）　単位（　　　　　　　　）

□(2)　$4a$

　　（　　　　　　　　　　　　）　単位（　　　　　　　　）

【関係を表す式】

❽ 次の(1)～(3)に答えなさい。

□(1)　底辺が a cm，高さが h cm の平行四辺形の面積を S cm^2 とするとき，S を a，h を使って表しなさい。

　　　　　　　　　　　　　　（　　　　　　　　　　　　　）

□(2)　10円玉 a 枚と 100円玉 b 枚の合計の金額は c 円です。この数量の関係を等式で表しなさい。

　　　　　　　　　　　　　　（　　　　　　　　　　　　　）

□(3)　ある水族館の入館料は，大人1人が a 円，子ども1人が b 円です。この水族館の大人3人と子ども6人の入館料の合計は 8000円以下でした。この数量の関係を不等式で表しなさい。

　　　　　　　　　　　　　　（　　　　　　　　　　　　　）

💡ヒント

❺
分配法則を使う。

❻
まず，分配法則を使って，かっこをはずす。

❼
文字式を，積の記号を使った形になおして考える。

❽
(1)（平行四辺形の面積）
　＝（底辺）×（高さ）
(3)不等号を使う。
　x が a 以上
　…$x \geqq a$
　x が a 以下
　…$x \leqq a$

テスト得ダネ

数量の関係を等式や不等式で表す問題はねらわれるよ。図形の面積や周の長さの関係などを復習しておこう。

Step 3 予想テスト : 2章 文字と式

30分　　目標80点　／100点

① 次の式を，文字式の表し方にしたがって書きなさい。知　　　18点（各3点）

☐(1)　$a \times (-7) \times b$　　　☐(2)　$x \times 1 \times y \times x$　　　☐(3)　$5 + a \div 2$

☐(4)　$-5 \times x \div 3 \times y$　　　☐(5)　$a \times (-4) + b \times 8$　　　☐(6)　$y \div x \div x \times 6$

② 次の式を，記号×や÷を使って表しなさい。知　　　6点（各3点）

☐(1)　$4ab^3$　　　　　　　　　　　☐(2)　$\dfrac{a(x+y)}{9}$

③ 次の数量を文字式で表しなさい。知　　　12点（各4点）

☐(1)　200ページの本を1日 a ページずつ3日間読んだときの残りのページ数

☐(2)　1本 x 円のボールペン5本と1冊 y 円のノート3冊を買ったときの代金の合計

☐(3)　a m の道のりを分速70mで歩くときにかかった時間

④ $x = \dfrac{1}{2}$ のとき，次の式の値を求めなさい。知　　　10点（各5点）

☐(1)　$10x - 7$　　　　　　　　　　☐(2)　$8x^2 - 12x + 5$

⑤ 次の計算をしなさい。知　　　32点（各4点）

☐(1)　$4a - 7a + 9a$　　　　　　　　☐(2)　$-x - 6 + 9 + 10x$

☐(3)　$(5x - 3) - (-6x - 1)$　　　　☐(4)　$3(8y - 9)$

☐(5)　$54a \div \left(-\dfrac{9}{2}\right)$　　　　　　　☐(6)　$\dfrac{-3a + 4}{3} \times (-6)$

☐(7)　$(18x - 24) \div 6$　　　　　　☐(8)　$(3x + 1) \div \dfrac{1}{5}$

⤴点UP ❻ 次の計算をしなさい。知   10点(各5点)

□(1)　$-5(y-2)-4(2y-1)$　　　　　□(2)　$\dfrac{1}{3}(6a-15)+\dfrac{1}{2}(-2a-4)$

⤴点UP ❼ 次の数量の関係を等式または不等式で表しなさい。知 考   12点(各3点)

□(1)　x 個のクッキーを1人2個ずつ y 人に分けたら，3個余った。

□(2)　底辺 a cm，高さ h cm の三角形の面積は 12 cm² である。

□(3)　2人の生徒の数学のテストの得点は，それぞれ x 点，y 点であり，2人の平均点は70点だった。

□(4)　1個 a 円のパン3個と，1本 b 円のジュース2本を買おうとしたら，600円では足りなかった。

❶	(1)	(2)
	(3)	(4)
	(5)	(6)
❷	(1)	(2)
❸	(1)	(2)
	(3)	
❹	(1)	(2)
❺	(1)	(2)
	(3)	(4)
	(5)	(6)
	(7)	(8)
❻	(1)	(2)
❼	(1)	(2)
	(3)	(4)

Step 1 基本チェック : 1 1 次方程式

⏱ 15分

教科書のたしかめ [ ]に入るものを答えよう!

❶ 方程式とその解 ▶教 p.98-99 Step 2 ❶

解答欄

□(1) 次の方程式のうち，3 が解であるものは[⑦]である。

⑦ $x+1=2$　　④ $2x-6=0$　　⑨ $x+4=3x-1$

(1) _____

❷ 等式の性質 ▶教 p.100-103 Step 2 ❷

□(2) $x-1=5$ の両辺に[1]をたすと，$x=$[6]

(2) ____/____

□(3) $2x=10$ の両辺を[2]でわると，$x=$[5]

(3) ____/____

❸ 1次方程式の解き方 ▶教 p.104-109 Step 2 ❸-❺

□(4) 方程式 $x+8=0$ を解くと，[$x=-8$]

(4) _____

□(5) 方程式 $2x=-x+21$ を解くと，[$x=7$]

(5) _____

□(6) 方程式 $3(x+1)=x+15$ を解くと，[$x=6$]

(6) _____

□(7) 方程式 $0.4x-0.8=0.2x-0.6$ を解くと，[$x=1$]

(7) _____

□(8) 方程式 $\frac{1}{4}x=\frac{3}{5}x-7$ を解くと，[$x=20$]

(8) _____

❹ 比例式 ▶教 p.110-111 Step 2 ❻

□(9) 比例式 $x:2=4:1$ を満たす x の値を求めると，[$x=8$]

(9) _____

教科書のまとめ ___ に入るものを答えよう!

□ x の値によって成り立ったり成り立たなかったりする等式を，x についての 方程式 という。

方程式を成り立たせる文字の値を，その方程式の 解 という。

□ 等式の性質

・等式の両辺に同じ数をたしても，等式は成り立つ。　　$A=B$ ならば　$A+C=$ $B+C$

・等式の両辺から同じ数をひいても，等式は成り立つ。　$A=B$ ならば　$A-C=$ $B-C$

・等式の両辺に同じ数をかけても，等式は成り立つ。　　$A=B$ ならば　$AC=$ BC

・等式の両辺を同じ数でわっても，等式は成り立つ。　　$A=B$ ならば　$\dfrac{A}{C}=$ $\dfrac{B}{C}$

(ただし，$C \neq 0$)

□ 等式では，一方の辺の項を，符号を変えて他方の辺に移すことができ，このことを 移項 という。移項して整理すると $ax+b=0$(ただし，$a \neq 0$) の形にすることができる方程式を，x についての 1次方程式 という。

□ 比 $a:b$ と $c:d$ が等しいことを表す式 $a:b=c:d$ を 比例式 という。

□ 比例式の性質　$a:b=c:d$ のとき $ad=$ bc

Step 2 予想問題 : **1 1次方程式**

【方程式とその解】

❶ 次の⑦～⓪の方程式のうち，4 が解であるものをすべて選びなさい。

⑦ $x+4=0$ ⓘ $2x+7=15$

⑦ $\dfrac{1}{2}x+3=4$ ⓔ $3x-6=x+2$

( )

❶ ヒント

❶

それぞれの式の左辺と右辺の x に 4 を代入して，
（左辺）＝（右辺）
が成り立つかどうかを調べる。

【等式の性質を使った方程式の解き方】

❷ 次の方程式を解きなさい。また，下の等式の性質⑦～⓪のどれを使って解いたか答えなさい。

(1) $x-4=7$ 　記号：

(2) $4x=20$ 　記号：

(3) $\dfrac{x}{3}=8$ 　記号：

(4) $x+6=-1$ 　記号：

$A=B$ ならば，

⑦ $A+C=B+C$ ⓘ $A-C=B-C$

⑦ $AC=BC$ ⓔ $\dfrac{A}{C}=\dfrac{B}{C}$（ただし，$C\neq0$）

❷

どの等式の性質を使えば，左辺を x だけ，右辺を数だけの式にできるかを考える。

📋 テスト得ダネ

方程式を解く問題はよく出る。解けたら解をもとの式に代入して，合っているか確かめよう。

【移項を利用した方程式の解き方】

❸ 次の方程式を解きなさい。

(1) $x+2=9$ (2) $3x-4=5$

(3) $2x=5x-15$ (4) $8x+3=x+17$

(5) $5-6x=3x+5$ (6) $-7+9x=10x+1$

❸

1 次方程式を解く手順は下の通り。

①x をふくむ項を左辺に，数の項を右辺に移項する。

②$ax=b$ の形に整理する。

③両辺を x の係数 a でわる。

【いろいろな1次方程式①】

❹ 次の方程式を解きなさい。

□(1) $-3(x-2)=-6$

□(2) $4(x-8)=3x-25$

□(3) $5(2x+4)=2(x-2)$

□(4) $15-2(3x-4)=-7$

【いろいろな1次方程式②】

❺ 次の方程式を解きなさい。

□(1) $0.2x-0.6=1.2$

□(2) $0.4x-0.1=0.8x+0.7$

 □(3) $0.7-0.04x=0.12x+0.06$

□(4) $\dfrac{1}{2}x-3=\dfrac{3}{4}x$

□(5) $\dfrac{1}{4}x+\dfrac{1}{2}=\dfrac{1}{3}x-1$

 □(6) $\dfrac{2x-5}{3}=\dfrac{3x-7}{6}$

【比例式】

❻ 次の比例式について，x の値を求めなさい。

□(1) $x:35=4:7$

□(2) $4:5=(x-2):10$

□(3) $(x+3):8=3:2$

□(4) $x:2=(x+6):5$

💡ヒント

❹

かっこをはずしてから
解く。

 ミスに注意

分配法則を使うとき
は，かっこの中のう
しろの項にかけ忘れ
ないようにしよう。
例：$2(x-1)$
$=2\times x+\underline{2}\times(-1)$

❺

(1), (2)両辺に 10 をか
　　　ける。
(3)両辺に 100 をかける。
　　このとき，0.7 は 70
　　になることに注意す
　　る。
(4)〜(6)両辺に分母の最
　　　小公倍数をかけ
　　　て，分母をはら
　　　う。

❻

比例式の性質を利用し
て，比例式を1次方程
式の形に表してから x
の値を求めることがで
きる。
比例式の性質
$a:b=c:d$ のとき
$ad=bc$

[解答 ▶ p.10-11]

Step 1 基本チェック ： ② 1次方程式の利用

15分

教科書のたしかめ　[　]に入るものを答えよう！

❶ 1次方程式の利用　▶教 p.113-117　Step 2 ❶-❽

解答欄

□(1)『お弁当を2個と150円のお茶を4個買うと，代金の合計は1500円でした。お弁当1個の値段を求めなさい。』

[**解答**]　お弁当1個の値段を[⑦ x]円とする。

お弁当2個の代金は[④ $2x$]円，お茶4個の代金は

([⑦ 150]×4)円と表されるから，代金の合計について，

方程式に表すと，[⑤ $2x$]＋[⑦ $150×4$]＝1500

これを解くと，$x＝$[⑦ 450]

お弁当1個の値段を450円とすると，

代金の合計は[⑦ 1500]円となり

問題に適している。　　　　　　　　　　**(答)**[⑦ 450]円

(1)⑦
　④
　⑦
　⑤
　⑦
　⑦
　⑧
　⑦

□(2)『弟が900m離れた公園に向かって家を出ました。その3分後に，兄が同じ道を通って弟を追いかけました。弟は分速60m，兄は分速80mで進むとすると，兄は出発してから何分後に弟に追いつきますか。』

[**解答**]　兄が出発してから x 分後に弟に追いつくとすると，

弟が進んだ時間は，([⑦ $3+x$])分と表される。

2人が進んだ道のりは，x を使って兄が[④ $80x$]m，

弟が[⑦ $60(3+x)$]mと表される。

この2つの道のりは等しいことから，

方程式に表すと，[⑤ $60(3+x)$]＝[⑦ $80x$]

これを解くと，$x＝$[⑦ 9]

9分後に追いつくとすると，2人が進んだ道のりはともに

720mとなり，公園までの道のり[⑧ 900]mより短いので，

問題に適している。　　　　　　　　**(答)**[⑦ 9]分後

(2)⑦
　④
　⑦
　⑤
　⑦
　⑦
　⑧
　⑦

教科書のまとめ　___に入るものを答えよう！

□ 1次方程式を使って問題を解く手順

[1]　求める数量を 文字 (x など)で表す。

[2]　等しい 数量を見つけて，方程式に表す。

[3]　方程式を解く。

[4]　解 が実際の問題に適しているか確かめる。

23

Step 2 予想問題 ： ② 1次方程式の利用

1ページ
30分

【1次方程式の利用】

❶ ある数を2倍して4を加えた数は，もとの数から4をひいて6倍した数に等しくなります。もとの数を求めなさい。

（　　　　　　）

💡ヒント

❶
もとの数を x とすると，
（x を2倍して4を加えた数）
＝（x から4をひいて6倍した数）となる。

【代金の問題】

❷ Aさんは1500円，Bさんは900円持っています。2人とも同じ本を1冊ずつ買ったところ，Aさんの残金はBさんの残金の3倍になりました。買った本の値段を求めなさい。

（　　　　　　）

❷
買った本の値段を x 円とすると，
Aさんの残金は
$(1500-x)$ 円，
Bさんの残金は
$(900-x)$ 円と
表せる。

【所持金の問題】

❸ 姉は4100円，妹は800円持っていました。2人が同じ金額のおこづかいをもらったところ，姉の所持金は妹の所持金の4倍になりました。2人はいくらずつもらったか，その金額を求めなさい。

（　　　　　　）

❸
もらった金額を x 円として，姉と妹の金額を x を使って表す。

【過不足の問題①】

❹ 何人かの子どもにあめを配ります。1人に6個ずつ配ると4個不足し，1人に5個ずつ配ると5個余ります。子どもの人数とあめの個数を求めなさい。

子どもの人数（　　　　　　）

あめの個数（　　　　　　）

❹
子どもの人数を x 人として，あめの個数を2通りの式に表す。

【過不足の問題②】

❺ ジュースを 7 本買おうとしましたが，持っていたお金では 180 円足
☐ りなかったので，5 本買ったところ 100 円余りました。ジュース 1 本
の値段を求めなさい。

❺
ジュース 1 本の値段を
x 円として，持ってい
たお金を 2 通りの式に
表す。

(　　　　　　　　　　)

【速さの問題①】

❻ 姉が 1500 m 離れた図書館に向かって徒歩で家を出ました。その 15 分
☐ 後に，弟が姉の忘れ物に気づき，同じ道を通って自転車で追いかけま
した。姉は分速 60 m，弟は分速 240 m で進むとすると，弟は出発し
てから何分後に姉に追いつきますか。また，追いつくのは家から何 m
の地点ですか。

❻
(姉が進んだ道のり)
＝(弟が進んだ道のり)
という関係に注目する。

📋 **テスト得ダネ**
速さ・道のり・時間
の問題はよく出るよ。
方程式のつくり方を
よく理解しておこう。

追いつく時間(　　　　　　分後)

追いつく地点(家から　　　　　m)

【速さの問題②】

❼ 家から広場まで，分速 80 m で歩いていくと，分速 200 m で自転車に
☐ 乗っていくよりも 12 分多く時間がかかりました。家から広場までの
道のりを求めなさい。

❼
家から広場までの道の
りを x m とすると，
歩いてかかる時間は
$\dfrac{x}{80}$ 分，
自転車でかかる時間は
$\dfrac{x}{200}$ 分。

(　　　　　　　　　　)

【比例式の利用】

❽ 青玉が 3 個，白玉が 12 個入っている箱に，青玉を何個か入れたとこ
☐ ろ，箱の中の青玉と白玉の個数の比が 2：3 になりました。入れた青
玉の個数を求めなさい。

❽
入れた青玉を x 個と
すると，青玉の合計は
$(3+x)$ 個と表せる。

(　　　　　　　　　　)

Step 3 予想テスト : **3章 1次方程式**

 30分　目標 80点　

❶ 次の㋐〜㋓の方程式のうち，-2 が解であるものをすべて選びなさい。[知]　10点

㋐　$2+x=0$

㋑　$2x-7=5$

㋒　$3x+1=2x-3$

㋓　$1-\dfrac{1}{2}x=2$

❷ 次の方程式を解きなさい。[知]　30点（各5点）

（1）　$5x+14=2x-4$

（2）　$6(y+4)=2(-y+8)$

（3）　$-0.3x+1.5=0.1-x$

（4）　$1.2x-0.66=1.12x-0.1$

（5）　$\dfrac{1}{3}a=\dfrac{5}{9}a+2$

（6）　$\dfrac{1}{7}x-\dfrac{2}{3}=\dfrac{8}{21}x+\dfrac{2}{7}$

点UP **❸** x についての方程式 $4x+1=ax+16$ の解が -3 であるとき，a の値を求めなさい。[知]　10点

❹ 次の比例式について，x の値を求めなさい。[知]　20点（各5点）

（1）　$x:27=5:9$

（2）　$21:(x+4)=7:3$

（3）　$3:(x+1)=2:x$

（4）　$(x-2):2=3x:8$

5 1本50円の鉛筆と1本90円の鉛筆を買いに行き，50円の鉛筆が90円の鉛筆よりも7本多くなるように買ったところ，代金の合計は1050円でした。50円の鉛筆と90円の鉛筆をそれぞれ何本買ったか答えなさい。 知 考　　　　　　　　　　　　10点(各5点)

6 Aさんが1200m離れた駅に向かって学校を出発しました。その10分後に，Bさんが同じ道を通ってAさんを追いかけました。Aさんは分速60m，Bさんは分速100mで進むとすると，Aさんが駅に着くまでに，BさんはAさんに追いつくことができますか。 知 考　10点

点UP

7 連続する3つの整数があり，その整数の和は24になります。次の(1)，(2)に答えなさい。

知 考　10点(各5点)

□(1)　まん中の数を n とおいて，方程式をつくりなさい。

□(2)　この連続する3つの整数を求めなさい。

❶		
❷	(1)	(2)
	(3)	(4)
	(5)	(6)
❸		
❹	(1)	(2)
	(3)	(4)
❺	50円の鉛筆	90円の鉛筆
❻		
❼	(1)	
	(2)	

Step 1　基本チェック　1 比例

15分

教科書のたしかめ　[　]に入るものを答えよう!

1 関数　▶教 p.124-127　Step 2 ❶

解答欄

□(1)　x が -2 以上 3 以下という変数 x の変域を不等式で表すと，
[$-2 \leq x \leq 3$]

(1) _____

2 比例　▶教 p.128-131　Step 2 ❷-❹

□(2)　底辺が $4\,\text{cm}$，高さが $x\,\text{cm}$ の平行四辺形の面積を $y\,\text{cm}^2$ とする
とき，x と y の関係を式で表すと[$y=4x$]，比例定数は[4]

(2) _____
_____

□(3)　y は x に比例し，$x=5$ のとき $y=-15$ であるとき，y を x の式
で表すと[$y=-3x$]，ここで，$x=-4$ のときの y の値を求める
と[12]である。

(3) _____
_____

3 座標　▶教 p.132-133　Step 2 ❺

□(4)　右下の図の点 Q の座標は，（[-2]，[1]）である。

(4) ＿＿／＿＿

□(5)　原点 O の座標は，（[0]，[0]）である。

(5) ＿＿／＿＿

4 比例のグラフ　▶教 p.134-137　Step 2 ❻❼

(6) ＿＿／＿＿

(7)

□(6)　比例 $y=ax$ のグラフは，[原点]を通
る直線である。$a>0$ のとき，グラフは
[右上がり]，$a<0$ のとき，グラフは
右下がりとなる。

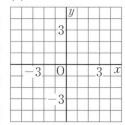

□(7)　$y=\dfrac{1}{2}x$ のグラフを右の図にかけ。

教科書のまとめ　＿＿に入るものを答えよう!

□x や y のように，いろいろな値をとる文字のことを 変数 といい，変数のとりうる値の範囲を
変域 という。

□y が x の関数で，x と y の関係が $y=ax$ で表されるとき，y は x に 比例する という。
このとき，a を 比例定数 という。

□右の図において，横の数直線を x 軸（横軸），縦の数直線を y 軸（縦
軸）といい，この2つの数直線を合わせて 座標軸 という。座標軸の
交点 O を 原点 という。

□右の図の点 P の位置は，（2, 3）と表す。これを点 P の 座標 といい，
2 を点 P の x 座標，3 を点 P の y 座標 という。

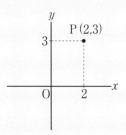

Step 2 予想問題 ┊ 1 比例

【関数】

1 次のような x と y の関係について，y は x の関数であるといえるかどうか答えなさい。

(1) 1 辺が x cm の正三角形の周の長さを y cm とする。

(　　　　　　　)

(2) 絶対値が x になる数 y

(　　　　　　　)

(3) 50 cm のひもを x cm 切ったとき，残りの長さが y cm である。

(　　　　　　　)

【比例の関係と変域】

2 1 L のガソリンで 15 km 走る自動車があります。この自動車が x L のガソリンで走る距離を y km とするとき，次の問いに答えなさい。

(1) y を x の式で表しなさい。

(　　　　　　　)

(2) この自動車のガソリンタンクの容量が 45 L のとき，x の変域を不等式で表しなさい。

(　　　　　　　)

【比例の関係】

3 x と y の関係が次の式で表されるとき，表の空らんをうめなさい。

(1) $y = 5x$

x	$\cdots$	-2	-1	0	1	2	$\cdots$
y	$\cdots$						$\cdots$

(2) $y = -\dfrac{1}{3}x$

x	$\cdots$	-2	-1	0	1	2	$\cdots$
y	$\cdots$						$\cdots$

ヒント

1
x の値が 1 つ決まると，それに対応して y の値がただ 1 つに決まる。このような x と y の関係を，y は x の関数であるという。

2
(1) 1 L のガソリンで 15 km 走るので，x L では，$(15 \times x)$ km 走る。
(2) ガソリンの容量の範囲を考える。

3
式に x の値を代入して，y の値を求める。

【比例の式の求め方】

 ❹ y は x に比例し，$x=-3$ のとき $y=18$ です。

よく出る

- □(1)　y を x の式で表しなさい。

（　　　　　　　　）

- □(2)　$x=-7$ のときの y の値を求めなさい。

（　　　　　　　　）

点UP
- □(3)　$y=54$ となる x の値を求めなさい。

（　　　　　　　　）

❹
比例する式は $y=ax$ と表すことができる。
$y=ax$ に，x, y の値を代入して a を求める。

【点の座標】

❺ 右の図の点 A，B の座標をそれぞれ
□　答えなさい。また，点 C，D を図に
かき入れなさい。

A（　　，　　）

B（　　，　　）

C（2，4）　　　D（0，1）

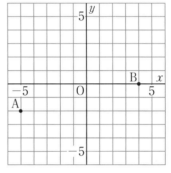

❺
（　，　）内の左側が x 座標，右側が y 座標を表している。

【比例のグラフ】

 ❻ 次の比例のグラフを右の図にかきな
さい。

よく出る

- □(1)　$y=-x$
- □(2)　$y=\dfrac{3}{4}x$
- □(3)　$y=-\dfrac{1}{3}x$

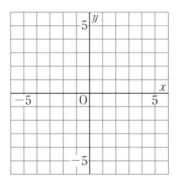

❻
原点を通る直線をかく。

❌ ミスに注意
$y=ax$ のグラフは，
$a>0$ のとき
　…右上がり
$a<0$ のとき
　…右下がり
となっていることを確認しよう。

【グラフから比例の式を求める】

点UP
❼ グラフが右の図の(1)～(4)の直線にな
る比例の式をそれぞれ求めなさい。

- □(1)（　　　　　　　）
- □(2)（　　　　　　　）
- □(3)（　　　　　　　）
- □(4)（　　　　　　　）

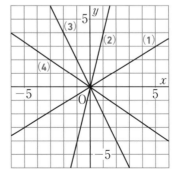

❼
比例のグラフから比例の式を求めるには，グラフが通る原点以外の1点の座標から比例定数を求めるとよい。

📋 テスト得ダネ
グラフをかく問題や，グラフから式を求める問題はよく出題されるよ。比例定数に注意しよう。

Step 1 基本チェック : 2 反比例 3 比例と反比例の利用　15分

教科書のたしかめ [　]に入るものを答えよう!

2 反比例 ▶ 教 p.139-146 Step 2 ❶-❹

□(1) 面積が $20\ \text{cm}^2$ である長方形の縦の長さを $x\ \text{cm}$，横の長さを $y\ \text{cm}$ とするとき，x と y の関係を式で表すと $\left[\, y = \dfrac{20}{x} \,\right]$，比例定数は [20]

□(2) y は x に反比例し，$x=5$ のとき $y=-3$ である。y を x の式で表すと $\left[\, y = -\dfrac{15}{x} \,\right]$，比例定数は [-15]

□(3) 反比例 $y = \dfrac{a}{x}$ のグラフが右の図の⑦，⑦のような双曲線であるとき，$a>0$ のグラフを表しているのは [⑦] であり，$a<0$ のグラフを表しているのは [⑦] である。

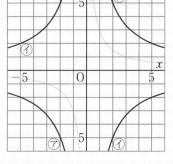

□(4) 反比例 $y = \dfrac{3}{x}$ のグラフを右の図にかけ。

3 比例と反比例の利用 ▶ 教 p.148-152 Step 2 ❺-❼

□(5) [比例]や[反比例]の考えを使うと，直接知ることが難しい数量を知ることができる。

解答欄
(1)
(2)
(3)
(4)
(5)

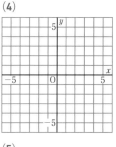

教科書のまとめ ＿＿ に入るものを答えよう!

□ y が x の関数で，x と y の関係が $y = \dfrac{a}{x}$ で表されるとき，y は x に 反比例する という。このとき，a を 比例定数 という。また，反比例 $y = \dfrac{a}{x}$ では，積 $\underline{xy}$ は一定であり，その値は a に等しくなる。

□反比例のグラフは，なめらかな2つの曲線になり，この曲線を 双曲線 という。

□反比例 $y = \dfrac{a}{x}$ では $x=0$ に対応する y の値は考えず，グラフは x 軸，y 軸と 交わらない 。

□反比例 $y = \dfrac{a}{x}$ のグラフは，次のような関係がある。
- $a>0$ のとき，x の値が同じ符号の範囲で増加するとき，y の値は 減少 する。
- $a<0$ のとき，x の値が同じ符号の範囲で増加するとき，y の値も 増加 する。

Step 2 予想問題　2 反比例　3 比例と反比例の利用

1ページ
30分

【反比例の式】

❶ 次の x, y について，y を x の式で表しなさい。また，比例定数をそれぞれいいなさい。

□(1)　面積が $16\,\mathrm{cm}^2$ である平行四辺形の底辺を $x\,\mathrm{cm}$，高さを $y\,\mathrm{cm}$ とする。

式（　　　　　　）　比例定数（　　　　　　　　）

□(2)　$15\,\mathrm{km}$ の道のりを時速 $x\,\mathrm{km}$ で進むと，y 時間かかった。

式（　　　　　　）　比例定数（　　　　　　　　）

【反比例の式の求め方】

❷ y は x に反比例し，$x=-6$ のとき，$y=8$ です。
□　y を x の式で表しなさい。

（　　　　　　　　）

【反比例のグラフ】

❸ 次の反比例のグラフを右の図にかきなさい。

□(1)　$y=-\dfrac{8}{x}$

□(2)　$y=\dfrac{12}{x}$

【グラフから反比例の式を求める】

❹ 右の図の曲線(1)，(2)は，反比例のグラフです。グラフが(1)，(2)になる反比例の式を，次の⑦〜⊆の中からそれぞれ選びなさい。

⑦　$y=\dfrac{2}{x}$　　　　④　$y=-\dfrac{2}{x}$

⑦　$y=\dfrac{4}{x}$　　　　⊆　$y=-\dfrac{4}{x}$

□(1)（　　　）　□(2)（　　　）

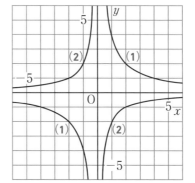

ヒント

❶
(1)（平行四辺形の面積）
　＝（底辺）×（高さ）
(2)（時間）
　＝（道のり）÷（速さ）

❷
$y=\dfrac{a}{x}$ に，x, y の値を代入して比例定数 a を求める。

テスト得ダネ

反比例の式 $y=\dfrac{a}{x}$ は $xy=a$ とも表せるよ。この式から比例定数を求めてもいいね。

❸
通る点の座標をできるかぎり多く調べて，なめらかな双曲線をかく。

✕ ミスに注意

反比例のグラフは，座標軸と交わらないように注意しよう。

❹
反比例 $y=\dfrac{a}{x}$ のグラフは，$a>0$ のとき，グラフは右上と左下に現れる。$a<0$ のとき，グラフは左上と右下に現れる。

【比例の関係の利用】

❺ 水の入っていない水そうに一定の割合で水を入れたら，入れ始めてから 3 分後に 18 L 入りました。水を入れ始めてから x 分後の水の量を y L とするとき，次の問いに答えなさい。

☐(1)　y を x の式で表しなさい。

（　　　　　　　　　　）

☐(2)　水を入れ始めてから 15 分後の水の量は何 L ですか。

（　　　　　　　　　　）

【反比例の関係の利用】

❻ 600 枚のはがきに切手をはります。x 人で切手をはるとき，1 人あたりのはる枚数が y 枚であるとして，次の問いに答えなさい。

☐(1)　y を x の式で表しなさい。

（　　　　　　　　　　）

☐(2)　24 人で切手をはるとき，1 人あたりのはる枚数を求めなさい。

（　　　　　　　　　　）

【グラフの読みとり】

❼ 兄と弟が同時に家を出発して，1200 m 離れた図書館まで歩いて向かいました。右の図は，2 人が出発してから x 分後に，それぞれ家から y m 離れるとして，x と y の関係をグラフに表したものです。次の問いに答えなさい。

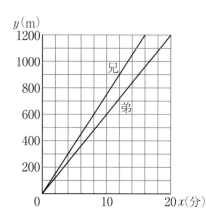

☐(1)　2 人の歩く速さはそれぞれ分速何 m ですか。

兄（　　　　　　　　）　弟（　　　　　　　　）

☐(2)　兄と弟の間がちょうど 120 m 離れるのは，2 人が家を出発してから何分後ですか。

（　　　　　　　　　　）

ヒント

❺
(1)水の量は時間に比例する。
(2)比例の式を使って求める。

❻
(1)（1 人がはる枚数）×（人数）＝（切手の枚数）という関係が成り立つ。
(2)反比例の式を使って求める。

❼
(1)（速さ）＝（道のり）÷（時間）で求める。
　このとき，道のりの単位が「m」，時間の単位が「分」であることを確かめてから計算する。
(2)2 人が 1 分間に離れる距離を利用する。

Step 3 予想テスト : 4章 比例と反比例

30分 目標80点 /100点

❶ 次の⑦～⑰の関数の中から，(1)～(4)のそれぞれにあてはまる関数をすべて選びなさい。知

16点(各4点)

⑦ $y=4x$ ⑦ $y=-4x$ ⑦ $y=\dfrac{1}{4}x$ ㋑ $y=-\dfrac{1}{4}x$ ㋔ $y=\dfrac{4}{x}$ ㋕ $y=-\dfrac{4}{x}$

☐(1) y が x に反比例する。

☐(2) グラフが原点を通る右下がりの直線である。

☐(3) $x>0$ において，x の値が増加すると y の値も増加する。

☐(4) グラフが点 $(4, 1)$ を通る。

❷ 次の x, y について，y を x の式で表しなさい。また，y は x に比例するか，または反比例するかを答えなさい。知

16点(各4点)

☐(1) 1本50円の鉛筆を x 本買ったときの代金が y 円である。

☐(2) 10 kg の米を x 等分してそれぞれ袋に詰めると，1袋あたりの重さが y kg となる。

❸ y が x の関数であるとき，次の表の⑦～㋘にあてはまる値を答えなさい。知 18点(各2点)

☐(1) y が x に比例するとき

x	-2	-1	0	1	2	3
y	12	⑦	⑦	⑦	㋑	㋔

☐(2) y が x に反比例するとき

x	-2	-1	0	1	2	3
y	㋕	㋖	×	㋗	㋘	8

❹ 次の場合について，y を x の式で表しなさい。知

10点(各5点)

☐(1) y が x に比例し，$x=-4$ のとき $y=2$ である。

☐(2) y が x に反比例し，$x=-6$ のとき $y=-6$ である。

❺ 次の問いに答えなさい。知 20点(各5点)

☐(1) グラフが右の図の⑦，⑦になる比例，反比例の式を求めなさい。

☐(2) 次の比例，反比例のグラフをかきなさい。

㋕ $y=-\dfrac{4}{5}x$ ㋖ $y=\dfrac{10}{x}$

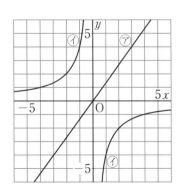

成績評価の観点 知…数量や図形などについての知識・技能 考…数学的な思考・判断・表現

6 右の図のような正方形 ABCD の辺 BC 上に点 P があり，
線分 BP の長さを x cm，三角形 ABP の面積を y cm² と
するとき，次の問いに答えなさい。ただし，P が B に一致
するとき，$y=0$ とします。知 考　　　　　　　　20点（各5点）

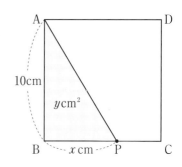

□(1)　y を x の式で表しなさい。

□(2)　線分 BP の長さが 3 cm のときの三角形 ABP の面積
　　　を求めなさい。

□(3)　x の変域を求めなさい。

□(4)　y の変域を求めなさい。

4章

❶	(1)		(2)	
	(3)		(4)	

❷	(1) 式	
	(2) 式	

❸	(1)	㋐	㋑	㋒	㋓	㋔
	(2)	㋕	㋖	㋗	㋘	

❹	(1)		(2)	

❺	(1)	㋐	㋑

(2)

❻	(1)		(2)	
	(3)		(4)	

Step 1 基本チェック ： 1 平面図形

15分

教科書のたしかめ [ ]に入るものを答えよう!

1 平面上の直線 ▶教 p.158-161 Step 2 **1**

解答欄

□(1) 2直線 AB, CD が垂直に交わるとき, [AB⊥CD]と表す。
2直線 AB, CD が平行であるとき, [AB∥CD]と表す。

(1) _____

2 図形の移動 ▶教 p.162-166 Step 2 **2**-**4**

□(2) 右の図で, 図形アを平行移動して重
なる図形は, 図形[エ]である。

□(3) 右の図で, 図形アを, 点Oを回転
の中心にして, 180°回転移動して
重なる図形は, 図形[オ]である。

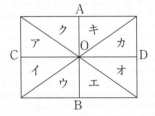

(2) _____

(3) _____

□(4) 右上の図で, 図形アを, 直線 AB を対称の軸として対称移動して
重なる図形は, 図形[カ], 直線 CD を対称の軸として対称移動
して重なる図形は, 図形[イ]である。

(4) _____

□(5) 平行移動, 回転移動, 対称移動それぞれについて, 移動前と移動
後の2つの図形は[合同]である。

(5) _____

教科書のまとめ ____ に入るものを答えよう!

□ 線の種類

- 直線 AB …2点 A, B を通る両方向に限りなくのびたまっすぐな線。

A ———————— B

- 半直線 AB …直線 AB のうち, 点Aから点Bの方向に限りなくのび
た部分。

A ———————— B

- 線分 AB …直線 AB のうち, 点Aから点Bまでの部分。この長さを,
2点 A, B 間の 距離 という。

A ———————— B

□ 右の図のような半直線 BA, BC によってできる角を ∠ABC と表す。

□ 2直線が垂直に交わるとき, 一方の直線を他方の直線の 垂線 という。

□ 2つの線が交わる点を 交点 という。

□ 三角形 ABC を △ABC と表す。

□ 図形を, その形と大きさを変えずにほかの位置に動かすことを 移動 という。

□ 図形の移動

- 平行移動 …図形を, 一定の方向に一定の距離だけずらすこと。

- 回転移動 …図形を, ある点Oを中心にして一定の角度だけ回すこと。点Oを 回転の中心
といい, 180°の回転移動を 点対称移動 という。

- 対称移動 …図形を, ある直線ℓを折り目として折り返すこと。直線ℓを 対称の軸 という。

Step 2 予想問題 ： 1 平面図形

1ページ
30分

【直線と線分】

1 右の図に，線分 AB と半直線 CB をかき入れなさい。

A
C
B

❶

ヒント

❶
半直線 CB は，点 C から点 B の方向にのびた線である。

【平行移動】

2 下の図の △ABC を，矢印 PQ の方向に線分 PQ の長さだけ平行移動させた △A′B′C′ をかきなさい。

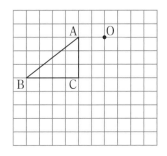

❷
矢印 PQ の方向は，右に 6 マス，下に 1 マスとなっている。

⊗｜ミスに注意
平行移動後の図形にA′，B′，C′ の記号を忘れずに書こう。

5章

【回転移動】

3 下の図の △ABC を，点 O を回転の中心にして，時計の針の回転と反対方向に 90° 回転移動させた △A′B′C′ をかきなさい。

❸
∠AOA′，∠BOB′，∠COC′ のそれぞれが90° になる。また，回転の方向に注意する。

【対称移動】

4 下の図の △ABC を，直線 ℓ を対称の軸として対称移動させた △A′B′C′ をかきなさい。

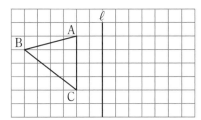

❹
対応する 2 点を結ぶ線分が，対称の軸によって，垂直に 2 等分されるようにかく。

Step 1 基本チェック ： 2 作図

⏱ 15分

教科書のたしかめ　[ ]に入るものを答えよう！

1 作図の基本　▶教 p.168-176　Step 2 ❶-❺

解答欄

□(1) 定規とコンパスだけを使って図をかくことを[作図]という。

(1) ＿＿＿＿＿＿＿

□(2) 右の図の線分 AB の垂直二等分線 ℓ 上の点
は，2 点 A，B から[等しい]距離にある。
たとえば，右の図において，CA＝[CB]
である。

(2) ＿＿＿＿＿＿＿
＿＿＿＿＿＿＿

□(3) 右の図の点 M は，線分 AB の中点で，
AM＝BM＝$\left[\dfrac{1}{2}AB\right]$である。

(3) ＿＿＿＿＿＿＿

□(4) 右の図の半直線[OP]は，∠AOB
の二等分線であり，この図において，
次のことがいえる。

$\angle AOP＝[\ \angle BOP\ ]＝\dfrac{1}{2}\angle AOB$

(4) ＿＿＿＿＿＿＿
＿＿＿＿＿＿＿

□(5) 右の図において，∠AOB の半直線 OA，
OB との距離が等しい点は半直線[OP]上にある。

(5) ＿＿＿＿＿＿＿

□(6) 右の図の ∠AOB の二等分線
を作図せよ。また，このとき，
作図した二等分線は，直線
AB 上にある点 O を通る，直
線 AB の[垂線]となる。

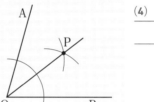

(6)

A　　　O　　　B

＿＿＿＿＿＿＿

- -

教科書のまとめ　＿＿に入るものを答えよう！

□作図… 定規 と コンパス だけを使って図をかくこと。
作図の過程でひいた線は残しておく。

□線分 AB 上の点で，2 点 A，B から等しい距離にある点を，線分 AB の 中点 という。

□線分 AB の中点 M を通り，線分 AB に垂直な直線を，線分 AB の 垂直二等分線 という。

ここで，AM＝BM＝$\dfrac{1}{2}$ AB

□1 つの角を 2 等分する半直線を，その角の 二等分線 という。

□半直線 OP が ∠AOB の二等分線であるとき，∠AOP ＝ ∠BOP＝$\dfrac{1}{2}$ ∠AOB

Step 2 予想問題 ： **2** 作図

1ページ
30分

【角の作図】

❶ 正三角形を利用することで，∠AOB＝60° となる線分 OB を作図しなさい。
□

O　　　　　　　　A

【垂直二等分線の作図】

❷ 右の図の △ABC について，
□　辺 AB の垂直二等分線を作図
　　しなさい。

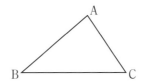

A

B　　　　　　　C

【角の二等分線の作図】

❸ 右の図において，∠AOB の
□　二等分線 OP を作図しなさい。

よく出る

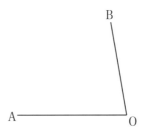

B

A　　　　　　O

【垂線の作図】

❹ 右の図の △ABC について，
□　辺 BC を底辺としたときの高
　　さ AH を作図しなさい。

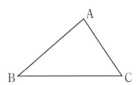

A

B　　　　　　C

【いろいろな作図】

❺ 右の図で，∠AOB＝45° とな
□　るように，半直線 OB を作図
　　しなさい。

点UP

O　　　　　　A

❶

正三角形の 1 つの角は 60° で，3 つの辺の長さも等しい。

📋テスト得ダネ

作図の問題はよく出題されるので，しっかり基本をマスターしよう。

❷

△ABC の辺 AB を線分 AB とみて考える。

❸

角の二等分線は，1 つの角を 2 等分する半直線である。
半直線 OP…点 O から点 P の方向にのびた線

❹

AH⊥BC となる。

❌|ミスに注意

ある点から直線へひく垂線と，線分の垂直二等分線をまちがえないように注意しよう。

❺

垂線と角の二等分線を利用して作図する。

5章

Step 1 基本チェック ：③ 円

⏱ 15分

教科書のたしかめ　［　］に入るものを答えよう！

❶ 円　▶教 p.178-181　Step 2 ❶-❹

解答欄

□(1) 右の図の⑦のように円周上の
2点 A，B を両端とする弧を，
弧 AB といい，［ $\overset{\frown}{AB}$ ］と表す。
また，⑦のように円周上の
2点 A，B を結ぶ線分を
［ 弦 AB ］という。

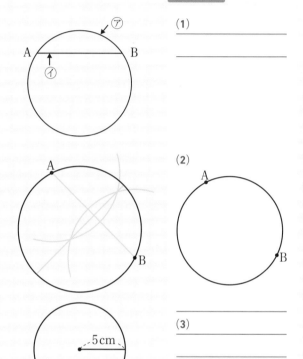

(1) _____

_____

□(2) 右の図で，円周上の2点 A，B
が重なるように円を折るとき，
折り目の線を作図せよ。また，
このとき，作図した線は，
［ 円の中心 ］を通る。

(2)

□(3) 右の図のような半径5 cm の
円の周の長さは［ 10π ］cm，
面積は［ 25π ］cm² である。

(3) _____

_____

教科書のまとめ　___ に入るものを答えよう！

□円周上の点と中心との距離は一定で，この一定の距離が 半径 である。

□円周の一部を 弧 という。また，円周上の2点を結ぶ線分を 弦 という。

□円の弦のうちもっとも長いものは，その円の 直径 である。

□円は 直径 を対称の軸とする線対称な図形であり，円の 中心 を対称の中心とする点対称な図
形でもある。

□円の弦の垂直二等分線は，円の対称の軸となり， 円の中心 を通る。

□半径が r の円の周の長さを ℓ，面積を S とすると，

周の長さ…$\ell = 2\pi r$　　　面積…$S = \pi r^2$

□円と直線が1点だけを共有するとき，

円と直線は 接する といい，接する直線を 接線，

共有する点を 接点 という。

□円の接線は，接点を通る 半径 に垂直である。

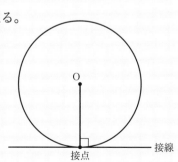

Step 2 予想問題 ⁝ ③ 円

【円の中心の求め方】

❶ 右の図で，直線 ℓ 上にあり，
□ 2点 A，B を通る円の中心 O
を作図によって求めなさい。

ℓ

❶
直線 ℓ 上にあり，2点
A，B からの距離が等
しい点が O である。

【弦の性質を利用した円の作図】

❷ 右の図は円の一部です。この円の
□ 中心 O を作図によって求め，円
を完成させなさい。

❷
円の弦の垂直二等分線
は円の中心を通る。

5章

【円の接線の作図】

❸ 右の図の円 O で，点 A が接点と
□ なるような円 O の接線を作図し
なさい。

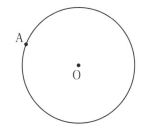

❸
円の接線は接点を通る
半径に垂直である。

【接線の性質を利用した円の作図】

❹ 右の図で，3本の線分すべてに
□ 接するような円を作図しなさい。

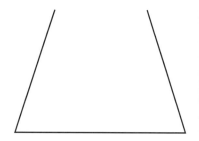

❹
角の二等分線上の点か
ら，その角をつくる2
つの線分までの距離は
等しい。

Step 3 予想テスト ： 5章 平面図形

30分　／100点　目標80点

❶ 右の図において，直線 AC と DE が平行のとき，次の問いに答えなさい。知　20点(各5点)

☐(1)　∠a を A，B，C，D，E を使って表しなさい。

☐(2)　∠b を A，B，C，D，E を使って表しなさい。

☐(3)　直線 AC と DE の関係を，記号を使って表しなさい。

☐(4)　直線 AC と CE の関係を，記号を使って表しなさい。

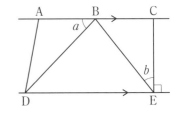

❷ 右下の図は，正六角形を6つの合同な正三角形に分けたものです。次の移動で重なる正三角形を，すべて答えなさい。知 考　20点(各5点)

☐(1)　正三角形①を，平行移動して重なる正三角形

☐(2)　正三角形⑤を，点 O を回転の中心にして，点対称移動して重なる正三角形

☐(3)　正三角形④を，点 O を回転の中心にして，時計の針の回転と反対方向に 120° 回転して重なる正三角形

☐(4)　正三角形⑥を，直線 BE を対称の軸として対称移動して重なる正三角形

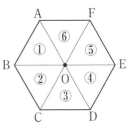

点UP ❸ ∠AOB＝30° となる半直線 OB を作図しなさい。知　8点

☐

O———————————————A

❹ 右の図の円において，次の問いに答えなさい。知 考　32点(各8点)

☐(1)　弦 AB の垂直二等分線を作図しなさい。

☐(2)　弦 CD の垂直二等分線を作図しなさい。

☐(3)　(1)と(2)で作図した直線の交点は，この円の何になりますか。

点UP ☐(4)　点 A が接点となるような，この円の接線を作図しなさい。

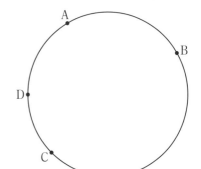

5 次の問いに答えなさい。 [知]　　　　　　　　　　　　　　20点(各5点)

☐(1) 半径9cmの円の，周の長さと面積を求めなさい。

☐(2) 周の長さが24π cmの円の，半径と面積を求めなさい。

❶	(1)		(2)	
	(3)		(4)	
❷	(1)		(2)	
	(3)		(4)	

5
章

❸

O ——————————— A

❹

(1)

·

(2)

·

(4)

A
B
D
C

(3)

❺	(1)	周の長さ	面積
	(2)	半径	面積

Step 1 基本チェック : 1 空間図形

15分

教科書のたしかめ　[　]に入るものを答えよう!

❶ いろいろな立体 ▶ 教 p.188-191　Step 2 ❶❷

解答欄

☐ (1) 多面体の中で，もっとも面の数が少ないのは[四面体]である。

(1) _____

☐ (2) 角錐の底面の数は[1つ]で，側面の形は[三角形]である。

(2) _____

❷ 空間における平面と直線 ▶ 教 p.192-197　Step 2 ❸

☐ (3) 立方体を2つに切ってできた三角柱について，
直線 AC とねじれの位置にあるのは，直線[BE]，
直線[DE]，直線[EF]の3つである。
また，直線 AB がふくまれる平面は，2つあり，
平面[ABC]と，平面[ABED]である。

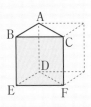

(3) _____
_____
_____
_____
_____

❸ 立体のいろいろな見方 ▶ 教 p.198-203　Step 2 ❹-❼

☐ (4) 右の図で，直線 ℓ を軸として1回転させて
できる回転体は[円柱]である。
上でできる回転体を回転の軸をふくむ平面
で切ると，その切り口の形は[長方形]
となり，回転の軸に垂直な平面で切ると，
その切り口は[円]になる。

(4) _____
_____
_____

☐ (5) 右の投影図が表している立体は，
[三角錐(正三角錐)]である。

(5) _____

教科書のまとめ　___に入るものを答えよう!

☐ 平面だけで囲まれた立体を 多面体 という。

☐ 右の⑦，①のような立体を 角錐 といい，⑦のような立体を
円錐 という。

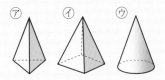

☐ すべての面が合同な正多角形であり，どの頂点にも同じ数の
面が集まる，へこみのない多面体を 正多面体 という。

☐ 空間における2直線が平行でなく，しかも交わらないとき，この2直線は ねじれの位置 にあ
るという。

☐ 円柱や円錐のように，直線 ℓ を軸として，図形を1回転させてできる立体を 回転体 ，直線 ℓ
を 回転の軸 という。円柱や円錐の側面をえがく線分を，円柱や円錐の 母線 という。

☐ 立体を，正面から見た図を 立面図 ，真上から見た図を 平面図 といい，これらをあわせて
投影図 という。

Step 2　予想問題　　① 空間図形

1ページ
30分

【いろいろな立体】

❶ 多面体について，次の問いに答えなさい。

□(1)　三角柱の頂点，面，辺の数をそれぞれ答えなさい。

（頂点　　　　，面　　　　，辺　　　　）

□(2)　六角錐の頂点，面，辺の数をそれぞれ答えなさい。

（頂点　　　　，面　　　　，辺　　　　）

❶

実際に立体の見取図を
かいてみる。

【正多面体】

❷ 下の図は正多面体の図です。(1)〜(3)に答えなさい。

① 　② 　③ 　④ 　⑤

□(1)　上の 5 種類の正多面体の名称を書きなさい。

①(　　　) ②(　　　) ③(　　　) ④(　　　) ⑤(　　　)

□(2)　それぞれの正多面体をつくっている合同な形を答えなさい。

①(　　　) ②(　　　) ③(　　　) ④(　　　) ⑤(　　　)

□(3)　それぞれの正多面体で，1 つの頂点に集まる面は何個ありますか。

①(　　　) ②(　　　) ③(　　　) ④(　　　) ⑤(　　　)

❷

正多面体とは，以下の
条件を満たす立体であ
る。
・すべての面が合同な
　正多角形である。
・どの頂点にも同じ数
　の面が集まる。
・へこみのない多面体
　である。

【直線と平面の位置関係】

❸ 直方体から三角柱を切り取った立体について，次の位置関係にある直
線や平面をすべて答えなさい。

□(1)　直線 AB と交わる直線

（　　　　　　　　　　　　　　）

□(2)　直線 AB とねじれの位置にある直線

（　　　　　　　　　　　　　　）

□(3)　直線 AB と平行な平面

（　　　　　　　　　　　　　　）

□(4)　直線 AB と垂直な平面

（　　　　　　　　　　　　　　）

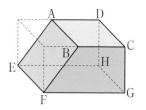

❸

(2)直線 AB と同じ平面
　上にない直線をいう。
(4)平面と交わる直線は，
　その交点を通る平面
　上の 2 直線に垂直で
　あれば，その平面に
　垂直である。

📋 テスト得ダネ

直線や平面の位置関
係の問題はよく出題
されるよ。直方体や
立方体，三角柱など
の辺，面の関係をつ
かんでおこう。

【点と平面の距離】

❹ 右の図は，直方体の一部分を切り取ってつくった三角錐です。次の高さを求めなさい。

□(1) 底面を △ABD としたときの高さ
（　　　　　　　　）

□(2) 底面を △BDC としたときの高さ
（　　　　　　　　）

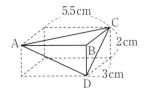

ヒント

❹
角錐や円錐において，頂点と底面との距離を，角錐や円錐の高さという。

【回転体】

❺ 下の図の①〜③の図形を，直線 ℓ を軸として1回転させてできる回転体の見取図を⑦〜⑨から選んで記号で答えなさい。

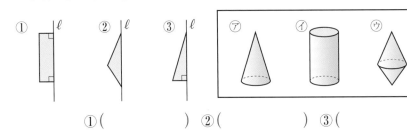

①（　　　　　　）　②（　　　　　　）　③（　　　　　　）

❺
②は，直線 ℓ を軸として，2つの直角三角形を1回転させると考える。

【投影図①】

❻ 次の正四角錐の投影図をかきなさい。

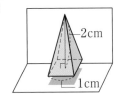

❻
立面図は立体を正面から見た図，平面図は立体を真上から見た図をかく。
そこに与えられた長さをかく。

【投影図②】

❼ 下の投影図で表される立体の見取図をかきなさい。

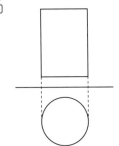

❼
投影図は立面図と平面図をあわせたもの。上にかかれているのが立面図，下にかかれているのが平面図である。

［解答 ▶ p.23-24］

Step 1 基本チェック ： **2** 立体の体積と表面積　15分

教科書のたしかめ　[ ]に入るものを答えよう！

❶ 立体の体積　▶ 教 p.206-207　Step 2 ❶

解答欄

□(1)　底辺の長さが 5 cm，高さが 4 cm の三角形
を底面とする，高さが 6 cm の三角錐の体積
は[20]cm³

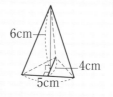

(1) _____

❷ 立体の展開図　▶ 教 p.208-211　Step 2 ❷

□(2)　円錐の展開図において，側面のおうぎ形の弧の長さは底面の
[円周]の長さと同じである。

(2) _____

❸ おうぎ形の計量　▶ 教 p.212-215　Step 2 ❸

□(3)　半径 3 cm，中心角 120° のおうぎ形の弧の長さは[2π]cm，面積
は[3π]cm²

(3) _____

□(4)　半径 6 cm，弧の長さ 8πcm のおうぎ形の面積は[24π]cm²

(4) _____

❹ 立体の表面積　▶ 教 p.216-217　Step 2 ❹❺

□(5)　底面の半径が 5 cm，高さが 8 cm の円柱の
表面積は[130π]cm²

(5) _____

□(6)　底面の半径が 4 cm，母線の長さが 12 cm の
円錐の表面積は[64π]cm²

(6) _____

❺ 球の体積と表面積　▶ 教 p.218-219　Step 2 ❻

□(7)　半径が 5 cm の球の体積は$\left[\ \dfrac{500}{3}\pi\ \right]$cm³，
表面積は[100π]cm²

(7) _____

教科書のまとめ　___ に入るものを答えよう！

□ 角錐，円錐の体積…底面積を S，高さを h，体積を V とすると，$V=\dfrac{1}{3}Sh$

□ おうぎ形の弧の長さと面積…半径が r，中心角が $a°$ のおうぎ形の弧の長さを ℓ，面積を S と
すると，

$$\ell=\underline{2\pi r\times\dfrac{a}{360}}\qquad S=\underline{\pi r^2\times\dfrac{a}{360}}，または S=\underline{\dfrac{1}{2}\ell r}$$

□ 球の体積と表面積…半径を r，体積を V，表面積を S とすると，

$$V=\underline{\dfrac{4}{3}\pi r^3}\qquad S=\underline{4\pi r^2}$$

6章

Step 2 予想問題 : ② 立体の体積と表面積

1ページ
30分

【立体の体積】

❶ 次の立体の体積を求めなさい。

☐(1)　円錐

5cm

3cm

(　　　　　　　　)

☐(2)　正四角錐

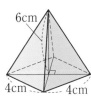

6cm

4cm　　4cm

(　　　　　　　　)

❶

角錐，円錐の体積は，

$\frac{1}{3}×$(底面積)×(高さ)

で求められる。

🗙 ミスに注意

角錐や円錐の体積を
求めるときは，忘れ
ずに $\frac{1}{3}$ をかけよう。

【立体の展開図】

❷ 次の図は，正三角錐の展開図です。この展開図において，㋐, ㋑の辺
☐　の長さを答えなさい。

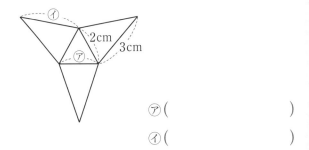

㋑

2cm

3cm

㋐

㋐(　　　　　　　　)

㋑(　　　　　　　　)

❷

正三角錐の底面は正三
角形で，側面はすべて
合同な二等辺三角形で
ある。

【おうぎ形の計量】

よく出る

❸ 次の問いに答えなさい。

☐(1)　半径 12 cm，中心角 60° のおうぎ形について，弧の長さと面積を
求めなさい。

弧の長さ(　　　　　　)　面積(　　　　　　)

☐(2)　半径 10 cm，弧の長さ 6πcm のおうぎ形について，中心角の大き
さと面積を求めなさい。

中心角(　　　　　　)　面積(　　　　　　)

点UP ☐(3)　半径 6 cm，弧の長さ 5πcm のおうぎ形について，中心角の大き
さと面積を求めなさい。

中心角(　　　　　　)　面積(　　　　　　)

❸

半径が r，中心角が a°
のおうぎ形の弧の長さ
を ℓ，面積を S とする
と，

$\ell = 2\pi r × \frac{a}{360}$

$S = \pi r^2 × \frac{a}{360}$

あるいは，

$S = \frac{1}{2}\ell r$

📋 テスト得ダネ

おうぎ形の中心角，
弧の長さ，面積を求
める問題はよく出題
されるよ。公式を正
しく覚えておこう。

【立体の表面積】

❹ 次の立体の表面積を求めなさい。

□(1) 三角柱

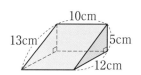

□(2) 正四角錐

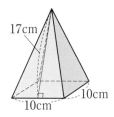

(   )   (   )

ヒント

❹
(1)角柱や円柱の表面積は，
（底面積）×2
＋（側面積）で求められる。
(2)角錐や円錐の表面積は，
（底面積）＋（側面積）
で求められる。

【円錐の表面積】

❺ 右の図は，底面の半径が 2 cm，母線の長さが 5 cm の円錐の展開図です。次の問いに答えなさい。

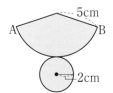

□(1) 側面のおうぎ形の弧の長さを求めなさい。

(   )

❺
(1)弧の長さは，底面の円周の長さと等しい。
(2)(1)の弧の長さを使って，中心角の大きさを求める。

6章

□(2) 側面のおうぎ形の中心角の大きさを求めなさい。また，それを用いて表面積を求めなさい。

中心角(   ) 表面積(   )

【球の体積と表面積】

❻ 次の立体の体積と表面積を求めなさい。

□(1) 半径が 4 cm の球

□(2) 直径が 6 cm の球

❻
(2)まず半径を求める。

テスト得ダネ
立体の表面積や体積を求める問題はよく出題されるよ。たくさん練習して身につけておこう。

体積(   )   体積(   )

表面積(   )   表面積(   )

Step 3 予想テスト : 6章 空間図形

⏱ 30分　／100点　目標 80点

❶ 次の(1)～(4)にあてはまる立体を，下の㋐～㋕からすべて選びなさい。知　16点(各4点)

☐(1)　底面が平行である。

☐(2)　曲面と平面で囲まれている。

☐(3)　平面だけで囲まれている。

☐(4)　どの方向から見ても同じ形である。

　㋐ 角柱　　㋑ 角錐　　㋒ 円柱　　㋓ 円錐　　㋔ 球

❷ 右の図は，直方体から三角錐を切り取った立体です。次の問いに答えなさい。知　20点(各5点)

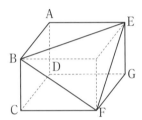

☐(1)　直線 AB と直線 DG の位置関係を答えなさい。

☐(2)　直線 AE と直線 CF の位置関係を答えなさい。

☐(3)　平面 ABCD と垂直な平面はいくつあるか答えなさい。

☐(4)　平面 DCFG と平行な平面を答えなさい。

❸ 次の投影図はどんな立体を表しているか答えなさい。知　10点(各5点)

☐(1)

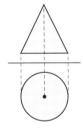

☐(2)

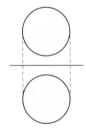

❹ 次の問いに答えなさい。知　10点(各5点)

☐(1)　三角錐の体積を求めなさい。

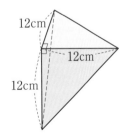

12cm
12cm
12cm

☐(2)　円柱の表面積を求めなさい。

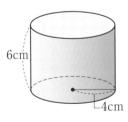

6cm
4cm

5 右の図のような，底面の半径が 5 cm，母線の長さが 10 cm の円錐について，次の面積を求めなさい。 知 　12点（各4点）

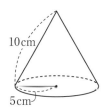

10cm
5cm

□(1) 底面積 　　　□(2) 側面積 　　　□(3) 表面積

6 次の図の図形を，直線 ℓ を軸として 1 回転させてできる回転体の，体積と表面積を求めなさい。 知 考 　　　　　　　　　20点（各5点）

□(1) 直角三角形

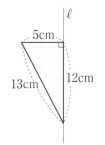

5cm
13cm 12cm
ℓ

□(2) 半円

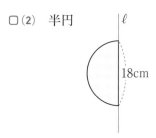

18cm
ℓ

7 直方体の容器㋐，㋑に同じ量の水が入っています。その水の量は何 cm³ ですか。また，x の値を求めなさい。 知 考 　12点（各6点）

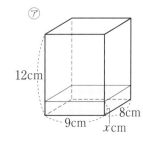

㋐
12cm
9cm
8cm
$x$cm

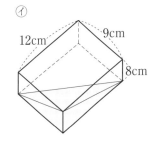

㋑
12cm 9cm
8cm

❶	(1)		(2)	
	(3)		(4)	
❷	(1)		(2)	
	(3)		(4)	
❸	(1)		(2)	
❹	(1)		(2)	
❺	(1)	(2)	(3)	
❻	(1) 体積		表面積	
	(2) 体積		表面積	
❼	水の量		x の値	

❶ ╱16点 ❷ ╱20点 ❸ ╱10点 ❹ ╱10点 ❺ ╱12点 ❻ ╱20点 ❼ ╱12点

Step 1 基本チェック ： 1 データの整理とその活用　2 確率　15分

教科書のたしかめ　[　]に入るものを答えよう！

1 データの整理とその活用　▶教 p.226-242　Step 2 ❶-❺

階級(cm)	度数(人)
140 以上　150 未満	6
150　〜160	20
160　〜170	11
170　〜180	3
計	40

☐(1) 右の度数分布表において，階級の幅は[10]cm，身長が 160 cm 以上の人は[14]人。

☐(2) 右の度数分布表で，階級 140 cm 以上 150 cm 未満の階級値は[145]cm，相対度数は[0.15]となる。

☐(3) 右上の度数分布表からヒストグラムと度数折れ線をつくれ。

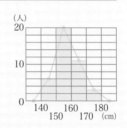

☐(4) 身長が 160 cm 未満の人は全体の[65]% にあたる。

解答欄

(1) _____

_____

(2) _____

(3)

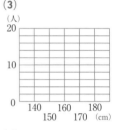

(4) _____

(5) _____

_____

_____

_____

_____

2 確率　▶教 p.244-247　Step 2 ❻❼

☐(5) 右の表は，ジュースの王冠（びんのふた）を投げたとき，

投げた回数	100	200	300
表向きの回数	42	78	117

表向きになる割合を求める実験をした結果を表したものである。

表向きになる割合は，$\dfrac{\text{表向きの回数}}{[\text{投げた回数}]}$ で求められるので，

100 回投げたときの割合は[0.42]，200 回投げたときの割合は[0.39]，300 回投げたときの割合は[0.39]となり，表向きになる割合は[0.39]に近づくと考えられる。

教科書のまとめ　___ に入るものを答えよう！

☐データの散らばりのようすを 分布 という。データの分布の特徴を表す数値を，データの 代表値 といい，平均値，中央値，最頻値はデータの代表値としてよく用いられる。

☐データのとる値のうち，最大のものから最小のものをひいた値を 範囲 という。

☐階級の中央の値を 階級値 という。

☐ヒストグラムの各長方形の上の辺の中点を結んでできる折れ線グラフを 度数折れ線 という。

☐度数の合計に対する各階級の度数の割合のことを 相対度数 という。

☐度数分布表において，各階級以下または各階級以上の階級の度数をたし合わせたものを 累積度数 といい，累積度数をまとめた表を 累積度数分布表 という。また，度数の合計に対する各階級の累積度数の割合のことを 累積相対度数 という。

☐あることがらの起こりやすさの程度を表す数を，そのことがらの起こる 確率 という。

Step 2 予想問題 ┊ ① データの整理とその活用 ┊ ② 確率

1ページ 30分

【データの整理と代表値】

❶ 次のデータは，ある中学 1 年生 10 人の数学のテストの得点です。

| 48 | 64 | 78 | 90 | 83 | 85 | 56 | 68 | 72 | 95 | 単位（点） |

☐(1) この 10 人の得点の範囲を求めなさい。

（　　　　　　）

☐(2) この 10 人の得点の平均値を求めなさい。

（　　　　　　）

☐(3) この 10 人の得点の中央値を求めなさい。

（　　　　　　）

【度数分布表とデータの活用】

❷ 右の度数分布表は，ある会社の従業員 40 人の通勤にかかる時間をまとめたものです。これについて，次の問いに答えなさい。

階級（分）	度数（人）
0 以上 ～ 20 未満	2
20 ～ 40	6
40 ～ 60	16
60 ～ 80	10
80 ～ 100	6
計	40

よく出る

☐(1) 階級の幅を答えなさい。

（　　　　　　）

☐(2) 度数がもっとも大きい階級の階級値を求めなさい。

（　　　　　　）

☐(3) ヒストグラムをつくりなさい。

☐(4) (3)をもとにして，度数折れ線をかき入れなさい。

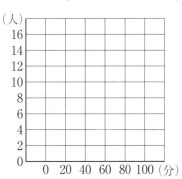

ヒント

❶
(1)範囲は，データの最大の値から最小の値をひいたものである。
(3)データの合計が偶数のときは，まん中の 2 つの値の平均値を中央値とする。

❷
(2)階級の中央の値を求める。
(4)度数折れ線をつくるときは，ヒストグラムの左右の両端に度数 0 の階級があるものと考えて点をうつ。

テスト得ダネ
グラフをかく問題はよく出題されるよ。

7章

【相対度数】

❸ ある中学校の1年生のクラスの家庭学習時間を調べ，その結果を度数折れ線で表すと，右の図のようになりました。この図について，次の問いに答えなさい。

□(1)　このクラスの人数は，全部で何人か答えなさい。

（　　　　　　　　　）

□(2)　度数がもっとも大きい階級について，その相対度数を求めなさい。

（　　　　　　　　　）

ヒント

❸
(1)各階級の度数の合計が全体の人数となる。
(2)相対度数は，
$\dfrac{(その階級の度数)}{(度数の合計)}$
で求めることができる。ふつう，小数を使って表す。

❹
(2)度数折れ線ではなく，相対度数の分布を折れ線グラフに表すことに注意する。
(3)2つの折れ線グラフの山の頂上の位置を比較してみる。

【データの比較】

❹ ある中学校で握力の測定をしました。次の表は，1年生男子100人と3年生男子25人の握力の結果をまとめたものです。これについて，次の問いに答えなさい。

階級(kg)	1年生		3年生	
	度数(人)	相対度数	度数(人)	相対度数
15以上　20未満	9	0.09	0	0.00
20　　〜25	15	0.15	1	0.04
25　　〜30	29	0.29	2	ウ
30　　〜35	21	ア	5	0.20
35　　〜40	17	0.17	10	0.40
40　　〜45	8	イ	6	エ
45　　〜50	1	0.01	1	0.04
計	100	1.00	25	1.00

□(1)　ア～エ をうめて，上の表を完成させなさい。

□(2)　1年生男子の相対度数の分布を下のような折れ線グラフに表しました。3年生男子の相対度数の分布を，下の図にかき入れなさい。

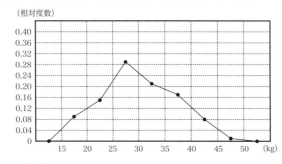

□(3)　全体の傾向として，握力が強いといえるのはどちらの学年だと思いますか。(2)の折れ線グラフから読みとれたこととともに書きなさい。　（　　　　　　　　　　　　　　　　　　　）

［解答 ▶ p.27］

【累積度数】

5 ある中学校の1年生女子50人の50m走の記録をもとに，次の表にまとめました。これについて，次の問いに答えなさい。

階級(秒)	度数(人)	累積度数(人)	累積相対度数
7.5 以上　8.0 未満	2	2	
8.0　～　8.5	8		
8.5　～　9.0	18		
9.0　～　9.5	12		
9.5　～10.0	7		
10.0　～10.5	3		
計	50		

☐(1) 上の表の累積度数と累積相対度数の☐をうめて，表を完成させなさい。

☐(2) 9.0秒未満の人数は，全体の何%にあたりますか。

(　　　　　　)

【ことがらの起こりやすさ①】

6 次の問いに答えなさい。ただし，割合は小数で求めなさい。

☐(1) ジュースの王冠を40回投げたところ，表が14回出ました。表が出た割合を求めなさい。

(　　　　　　)

☐(2) (1)の場合で，裏が出た割合を求めなさい。

(　　　　　　)

☐(3) 画びょうを80回投げたところ，針が上を向いたのは32回でした。針が上を向いた割合を求めなさい。

(　　　　　　)

【ことがらの起こりやすさ②】

7 ペットボトルのキャップを1000回投げたら，表向きが400回出ました。あと600回このキャップを投げたとすると，表向きはあとおよそ何回出ると期待されますか。

(　　　　　　)

ヒント

5
(1)累積相対度数は，(その階級の累積度数)/(度数の合計)で求めることができる。相対度数と同様に，ふつう，小数を使って表す。
(2)累積相対度数を100倍した値が，百分率で表した割合になる。

6
(1)表が出た割合は，(表の回数)/(投げた回数)で求められる。
(2)裏が出た回数は40−14(回)である。

✕ ミスに注意
分数を小数に表すには，$\frac{a}{b}=a\div b$を忘れないこと。

7
全体に対する表向きの出る回数の割合は一定であると考える。投げた回数が多いことから，1000回投げたときの表向きの出る割合で，600回のときを考えることができる。

7章

Step 3 予想テスト ： **7章 データの活用**

 20分　／50点　目標 40点

❶ 次のデータは，あるクラスの生徒 25 人の通学時間を分単位で調べたものです。これについて，次の問いに答えなさい。[知]

40 点(各 10 点)

16	18	20	15	19	20	10	14	18
20	16	12	6	19	24	13	28	25
26	23	24	28	18	27	15		

単位(分)

☐(1)　中央値を求めなさい。

☐(2)　範囲を求めなさい。

☐(3)　5 分以上 10 分未満を階級の 1 つとして，どの階級の幅も 5 分になるように右の表にまとめます。空らんをうめて，表を完成させなさい。

☐(4)　通学時間が 20 分未満の人数は，全体の何 % にあたりますか。

階級(分)	度数(人)	累積度数(人)	累積相対度数
5以上　10未満			
～			
～			
～			
～			
計	25		

❷ 右の表は，ボタンを投げたときの結果です。これについて，次の問いに答えなさい。ただし，割合は小数で求めなさい。[考]　10 点(各 5 点)

投げた回数	50	100	200	500	1000	2000
表が出た回数	26	59	116	275	560	1120

☐(1)　50 回投げたときの表が出た割合を求めなさい。

☐(2)　同じボタンを 5000 回投げるとき，表はおよそ何回出ると予測できますか。

点UP

❶	(1)		(2)	

(3)	階級(分)	度数(人)	累積度数(人)	累積相対度数
	5以上　10未満			
	～			
	～			
	～			
	～			
	計	25		

(4)			

❷	(1)		(2)	

❶ ／40点　❷ ／10点

[解答 ▶ p.28]

　　　数研出版版・中学数学 1 年

テスト前 ☑ やることチェック表

① まずはテストの目標をたてよう。頑張ったら達成できそうなちょっと上のレベルを目指そう。

② 次にやることを書こう（「ズバリ英語〇ページ，数学〇ページ」など）。

③ やり終えたら□に✔を入れよう。

　最初に完ぺきな計画をたてる必要はなく，まずは数日分の計画をつくって，

　その後追加・修正していっても良いね。

		目標	

	日付	やること1	やること2
2週間前	／	☐	☐
	／	☐	☐
	／	☐	☐
	／	☐	☐
	／	☐	☐
	／	☐	☐
	／	☐	☐
1週間前	／	☐	☐
	／	☐	☐
	／	☐	☐
	／	☐	☐
	／	☐	☐
	／	☐	☐
	／	☐	☐
テスト期間	／	☐	☐
	／	☐	☐
	／	☐	☐
	／	☐	☐
	／	☐	☐

キリトリ線

数学1年 数研出版版

QRコードのページに登録すると，「ぴたリンク」からも表をダウンロードできるよ

テスト前 ☑ やることチェック表

① まずはテストの目標をたてよう。頑張ったら達成できそうなちょっと上のレベルを目指そう。
② 次にやることを書こう（「ズバリ英語〇ページ，数学〇ページ」など）。
③ やり終えたら□に✔を入れよう。
　　最初に完ぺきな計画をたてる必要はなく，まずは数日分の計画をつくって，
　　その後追加・修正していっても良いね。

目標

	日付	やること1	やること2
2週間前	／	□	□
	／	□	□
	／	□	□
	／	□	□
	／	□	□
	／	□	□
	／	□	□
1週間前	／	□	□
	／	□	□
	／	□	□
	／	□	□
	／	□	□
	／	□	□
	／	□	□
テスト期間	／	□	□
	／	□	□
	／	□	□
	／	□	□
	／	□	□

数研出版版 数学1年 ｜ 定期テスト ズバリよくでる ｜ **解答集**

1章 正の数と負の数

1 正の数と負の数

p.3-4 **Step 2**

❶ (1) $+5.1$ （2) $-\dfrac{3}{4}$

解き方 正の数は＋，負の数は－の符号をつけて表す。

❷ (1) $+0.8$, $+\dfrac{2}{5}$, $+23$

(2) -11, 0, $+23$, -5

解き方 (2) 整数には，正の整数，0，負の整数がある。

❸ (1) $-35\,\mathrm{kg}$ （2) -1500 円

解き方 ことばを反対にすると，数の符号も反対になる。

❹ (1) -15 個少ない （2) -7 時間前

解き方 反対の性質をもつ数量は，「多い」「少ない」のように，2つのことばを使って表すが，負の数を使うと，その一方のことばだけで表すことができる。

❺

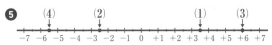

解き方 数直線では，0より右側に正の数，0より左側に負の数を表す。

(2)や(4)では，下に示すようなまちがいをしやすいので注意しよう。

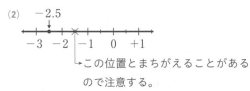

(2) -2.5

↳この位置とまちがえることがあるので注意する。

(4) $-\dfrac{11}{2}$

↳この位置とまちがえることがあるので注意する。

❻ (1) $-4<+2$ $(+2>-4)$

(2) $-0.3<0$ $(0>-0.3)$

(3) $-12<-5$ $(-5>-12)$

(4) $-\dfrac{1}{2}<-\dfrac{1}{3}$ $\left(-\dfrac{1}{3}>-\dfrac{1}{2}\right)$

(5) $-7<+6<+8$ $(+8>+6>-7)$

(6) $-1.6<+1.4<+1.8$ $(+1.8>+1.4>-1.6)$

解き方 数の大小は，（負の数）$<0<$（正の数）となる。数を数直線上の点で表すと，右側にある数ほど大きく，左側にある数ほど小さくなる。

(3)

(4)

(5)や(6)のように3つの数の大小を不等号を使って表すときは，不等号の向きをそろえてかく。

$+6>-7<+8$ だと，$+6$ と $+8$ の大小を表すことができていない。

❼ $+\dfrac{3}{7}$, $-\dfrac{3}{7}$

解き方 数直線上で，原点からある数を表す点までの距離を，その数の絶対値という。

❽ -2, -1, 0, $+1$, $+2$

解き方 絶対値が2.5になる数は $+2.5$ と -2.5 であるから，-2.5 より大きく，$+2.5$ より小さい整数を求める。

❾ (1) -5, -1 （2) A，E，F

(3) A，F，E，B，D，C

解き方 (1) 点Bから，正の方向と負の方向の2つの方向で数を考える。

(2) 絶対値が3より大きい点を答えるので，絶対値が3である点Bはふくまない。

(3) 点A〜Fの絶対値はそれぞれ，A→6.5，B→3，C→0.5，D→1.5，E→4，F→6となる。

2 加法と減法　　3 乗法と除法

4 いろいろな計算

p.6-9　**Step 2**

❶ (1) -11　　　　　　　　(2) -8

　(3) -6　　　　　　　　(4) $+2$

解き方 2つの数の加法は，次のように行う。

・符号が同じ2つの数の和

　…絶対値の和に共通の符号をつける。

・符号が異なる2つの数の和

　…絶対値が大きい方から小さい方をひいた差に，

　絶対値が大きい方の符号をつける。

(1) $(-7)+(-4)=-(7+4)=-11$

(2) $(+17)+(-25)=-(25-17)=-8$

(3) ある数と0の和は，もとの数に等しい。

❷ (1) $+9$　　　　　　　　(2) -4

解き方 (1) $(+13)+(-2)+(+6)+(-8)$

$=(+13)+(+6)+(-2)+(-8)$

$=\{(+13)+(+6)\}+\{(-2)+(-8)\}$

$=(+19)+(-10)=+9$

(2) $(-12)+(+14)+(-22)+(+16)$

$=(+14)+(+16)+(-12)+(-22)$

$=\{(+14)+(+16)\}+\{(-12)+(-22)\}$

$=(+30)+(-34)=-4$

❸ (1) -17　　　　　　　(2) $+28$

　(3) $+5$　　　　　　　　(4) $+8$

解き方 減法は加法になおして計算する。

(1) $(+6)-(+23)=(+6)+(-23)=-17$

(2) $(+11)-(-17)=(+11)+(+17)=+28$

(3) $(-5)-(-10)=(-5)+(+10)=+5$

(4) 0からある数をひくと，差はひいた数の符号を変えた数になる。

❹ (1) -1.6　　(2) $+5.8$　　(3) -3.5

　(4) $+\dfrac{1}{2}$　　(5) $+\dfrac{3}{4}$　　(6) $-\dfrac{11}{6}$

解き方 小数や分数の減法も，整数の減法と同じように，加法になおして計算する。また，分数は通分して計算し，約分できるものがあれば約分する。

(2) $(-2.6)-(-8.4)=(-2.6)+(+8.4)=+5.8$

(3) $(+10.3)-(+13.8)=(+10.3)+(-13.8)=-3.5$

(5) $\left(+\dfrac{1}{2}\right)-\left(-\dfrac{1}{4}\right)=\left(+\dfrac{1}{2}\right)+\left(+\dfrac{1}{4}\right)$

　　　　$=\left(+\dfrac{2}{4}\right)+\left(+\dfrac{1}{4}\right)=+\dfrac{3}{4}$

(6) $\left(-\dfrac{3}{2}\right)-\left(+\dfrac{1}{3}\right)=\left(-\dfrac{3}{2}\right)+\left(-\dfrac{1}{3}\right)$

　　　　$=\left(-\dfrac{9}{6}\right)+\left(-\dfrac{2}{6}\right)=-\dfrac{11}{6}$

❺ (1) -4　　　　　　　　(2) 5

　(3) 12.7　　　　　　　(4) $-\dfrac{7}{20}$

解き方 加法と減法の混じった式の計算は，項だけを並べた式にして，正の項，負の項をまとめて計算する。計算の結果が正の数のときは，以後正の符号「＋」を省略する。

(2) $-14-(-27)+(-12)+4$

$=-14+27-12+4$

$=27+4-14-12$

$=31-26=5$

(4) $-\dfrac{1}{2}+\left(-\dfrac{3}{5}\right)-\left(-\dfrac{3}{4}\right)=-\dfrac{1}{2}-\dfrac{3}{5}+\dfrac{3}{4}$

　　　　$=-\dfrac{10}{20}-\dfrac{12}{20}+\dfrac{15}{20}$

　　　　$=\dfrac{15}{20}-\dfrac{10}{20}-\dfrac{12}{20}$

　　　　$=-\dfrac{7}{20}$

❻ (1) -21　　　　　　　(2) 0

　(3) 3.2　　　　　　　　(4) $-\dfrac{4}{3}$

解き方 (2) ある数と0の積は，つねに0になる。

(3) $(-8)\times(-0.4)=+(8\times0.4)=3.2$

(4) $\left(-\dfrac{10}{3}\right)\times\left(+\dfrac{2}{5}\right)=-\left(\dfrac{10}{3}\times\dfrac{2}{5}\right)=-\dfrac{4}{3}$

❼ (1) -900　　　　　　(2) 21

解き方 (1) $(-2)\times(-9)\times(-50)$

$=\{(-2)\times(-50)\}\times(-9)=100\times(-9)=-900$

(2) $7\times(-15)\times\left(-\dfrac{1}{5}\right)=7\times\left\{(-15)\times\left(-\dfrac{1}{5}\right)\right\}$

　　　　　　$=7\times3=21$

❽ (1) 64　　　(2) −90　　　(3) 27

解き方 3つ以上の数の乗法では，負の数がいくつあるかを確認し，積の符号を決めてから計算する。

❾ (1) −4　　　(2) 49
(3) $-\dfrac{1}{27}$　　　(4) 36

解き方 (4) $(-1)^3 \times (-6^2) = -1 \times (-36) = 36$

❿ (1) −12　　　(2) 0
(3) 0.6　　　(4) $\dfrac{4}{15}$

解き方 (2) 0 を正の数，負の数でわったときの商は 0 になる。
(3) $(-3.6) \div (-6) = +(3.6 \div 6) = 0.6$
(4) $(-4) \div (-15) = +(4 \div 15) = \dfrac{4}{15}$

⓫ (1) $-\dfrac{1}{4}$　　　(2) $\dfrac{5}{6}$

解き方 わる数を逆数にしてかける。
(1) $\left(-\dfrac{3}{10}\right) \div \dfrac{6}{5} = -\left(\dfrac{3}{10} \times \dfrac{5}{6}\right) = -\dfrac{1}{4}$
(2) $\left(-\dfrac{25}{42}\right) \div \left(-\dfrac{5}{7}\right) = +\left(\dfrac{25}{42} \times \dfrac{7}{5}\right) = \dfrac{5}{6}$

⓬ (1) −2　　　(2) −10
(3) −4　　　(4) $\dfrac{7}{4}$

解き方 乗法と除法の混じった式は，除法を乗法になおして計算する。
(4) $\dfrac{4}{5} \div \left(-\dfrac{2}{5}\right) \times \left(-\dfrac{7}{8}\right) = +\left(\dfrac{4}{5} \times \dfrac{5}{2} \times \dfrac{7}{8}\right) = \dfrac{7}{4}$

⓭ (1) 9　　　(2) −46　　　(3) 6
(4) 0　　　(5) $\dfrac{2}{3}$　　　(6) −36

解き方 四則の混じった式では，①累乗・かっこの中 ②乗法・除法 ③加法・減法の順に計算する。
(1) $16 - 21 \div 3 = 16 - 7 = 9$
(2) $7 \times (-2) + (-4) \times 8$
$= -14 - 32 = -(14 + 32) = -46$
(4) $(-2^2) - 12 \div (-3) = -4 + 4 = 0$
(6) $(-6)^2 \times \{(-5) \times 2 - (-9)\}$
$= 36 \times \{(-10) - (-9)\} = -36$

⓮ (1) 2　　　(2) −240

解き方 (1) $\left(-\dfrac{2}{3} + \dfrac{3}{4}\right) \times 24 = \left(-\dfrac{2}{3}\right) \times 24 + \dfrac{3}{4} \times 24$
$= -16 + 18 = 2$
(2) $72 \times (-4) + (-12) \times (-4)$
$= (72 - 12) \times (-4) = 60 \times (-4) = -240$

⓯ ⑦，⑦

解き方 ○＝1，△＝2 として考えると，
⑦ $1 + 2 = 3$　　　　　④ $1 - 2 = -1$
⑦ $1 \times 2 = 2$　　　　　㊀ $1 \div 2 = \dfrac{1}{2}(0.5)$

自然数と自然数の差や商は，いつも自然数になるとは限らない。

⓰ (1) $2 \times 3 \times 5$　　　(2) $2^2 \times 3 \times 5$
(3) $2^3 \times 3^2$　　　(4) 3×7^2

解き方 小さい素数から順にわっていき，素数になるまで行う。

```
(1) 2)30     (2) 2)60     (3) 2)72     (4) 3)147
   3)15        2)30        2)36        7) 49
      5        3)15        2)18           7
                  5        3) 9
                           3
```

⓱ (1) 18　　　(2) 26

解き方 (1) $324 = 2 \times 2 \times 3 \times 3 \times 3 \times 3 = 18 \times 18 = 18^2$
(2) $676 = 2 \times 2 \times 13 \times 13 = 26 \times 26 = 26^2$

⓲ (1) 生徒…A　得点…92 点
(2) 24 点　　　(3) 73 点

解き方 (1) $70 + 22 = 92$（点）
(2) 表を利用して，E の得点と B の得点の差を求める。
$(+16) - (-8) = 16 + 8 = 24$（点）
(3) まず，基準とのちがいの平均を求める。
$\{(+22) + (-8) + (-1) + (-14) + (+16)\} \div 5$
$= (+15) \div 5 = +3$
この値を基準となる 70 点にたしたものが，5 人の平均点となる。
$70 + (+3) = 73$（点）
※ 5 人の実際の得点から平均点を求めることもできる。
　$(92 + 62 + 69 + 56 + 86) \div 5 = 365 \div 5 = 73$（点）

p.10-11 **Step ❸**

❶ (1)＋150 人　(2) $-2＜-0.2＜0$ $(0＞-0.2＞-2)$
　(3) -1, 0, $+1$

❷ (1) -8　(2) -6　(3) -3.2　(4) $-\dfrac{16}{45}$
　(5) 9　(6) 11

❸ (1) 72　(2) -8　(3) -3　(4) $\dfrac{4}{3}$

❹ (1) -14　(2) 12　(3) 17　(4) -33

❺ ㋐ ×，$1+(-2)=-1$
　㋑ ×，$-5-(-1)=-4$
　㋒ ○

❻ 31, 37, 41, 43, 47

❼ (1) $2×5^2$　(2) $2×3^3$

❽ (1) 203 分(3 時間 23 分)　(2) 29 分

解き方

❶ (1) 減少を－で表しているので，その反対の性質を
もつ増加は＋で表す。
　(3) 2 より小さい数は，2 をふくまないことに注意
する。－2 より大きく，2 より小さい整数となる
ので -1, 0, $+1$ になる。

❷ (1) $(+9)+(-17)=-(17-9)=-8$
　(2) $(-13)-(-7)=(-13)+(+7)=-6$
　(3) $4-7.2=-(7.2-4)=-3.2$
　(4) $\left(-\dfrac{4}{5}\right)+\dfrac{4}{9}=-\dfrac{36}{45}+\dfrac{20}{45}=-\dfrac{16}{45}$
　(5) $10-6+8-3=10+8-6-3$
　　　　　　　　　$=18-9=9$
　(6) 項だけを並べた式にして，正の項，負の項をま
とめて計算する。
　　$22+(-5)-14-(-8)=22-5-14+8$
　　　　　　　　　　　　$=22+8-5-14$
　　　　　　　　　　　　$=30-19=11$

❸ 乗法や除法では，積や商の符号を決めてから計算
する。除法は乗法になおして計算する。
　(2) $5.6÷(-0.7)=-(5.6÷0.7)=-8$
　(3) $(-2)×9÷6=-\left(2×9×\dfrac{1}{6}\right)=-3$
　(4) $\dfrac{1}{6}÷\left(-\dfrac{5}{12}\right)÷\left(-\dfrac{3}{10}\right)=\dfrac{1}{6}×\dfrac{12}{5}×\dfrac{10}{3}=\dfrac{4}{3}$

❹ 四則の混じった計算では，計算の順序に注意する。

・累乗のある式は，累乗を先に計算する。
・かっこのある式は，かっこの中を先に計算する。
・乗法や除法は，加法や減法よりも先に計算する。
(1) $12÷(-3)+5×(-2)=-4+(-10)=-14$
(2) $2-4×(-7)-18=2-(-28)-18$
　　　　　　　　　　$=2+28-18=12$
(3) $3^2-(-48)÷6=9-(-8)=9+8=17$
(4) $(-5^2)-\{(-3)^2+7\}÷2$
$=-25-(9+7)÷2=-25-16÷2$
$=-25-8=-33$

❺ 実際に数を入れて確かめる。
　㋐ $1+(-2)=-1$ →もとの数より小さくなる。
　㋑ $-5-(-1)=-4$ →負の数のままである。
　㋒ 0 からどんな正の数をひいても，答えはいつで
も負の数になる。

❻ 素数の約数は，1 とその数だけである。
　30 の約数は，1, 2, 3, 5, 6, 10, 15, 30
　31 の約数は，1, 31　→素数
　32 の約数は，1, 2, 4, 8, 16, 32
　33 の約数は，1, 3, 11, 33
　と調べていけばよい。

❼ 小さい素数で順にわっていく。

(1)		(2)	
2)	50	2)	54
5)	25	3)	27
	5	3)	9
			3

❽ (1) 30 分とのちがいの合計は，
　　$(-10)+(+3)+(-4)+(+2)+(-5)$
　　$+(+6)+(+1)=-7$
　よって，勉強時間の合計は，
　　$30×7+(-7)=210-7=203$(分)
　※ 1 日の勉強時間をそれぞれ求めてから，合計を
　計算することもできる。
　　$20+33+26+32+25+36+31=203$(分)
　(2) (平均)＝(基準の値)＋$\dfrac{(基準とのちがいの合計)}{(数量の個数)}$
　の式にあてはめて，
　　$30+\dfrac{-7}{7}=30-1=29$(分)
　あるいは，(1)の合計時間÷7 で，1 日あたりの平均
　勉強時間を求めることもできる。
　　$203÷7=29$(分)

2章 文字と式

1 文字と式

p.13-14　**Step 2**

❶ (1) $(1000-a\times4)$ 円

(2) $(x+y)\times2\,(\mathrm{cm})$ または $(x\times2+y\times2)\,\mathrm{cm}$

解き方 (1) 1個 a 円のりんご4個分の代金は，

$(a\times4)$ 円

(2) 長方形の周の長さは，
(縦＋横)×2 の式で求め
られる。図で表すと右の
ようになる。

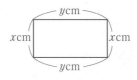

❷ (1) $-ab$　　(2) x^3y^2　　(3) $5(x-y)$

(4) $-\dfrac{a}{8}$　　(5) $\dfrac{a+b}{9}$　　(6) $\dfrac{x}{4y}$

(7) $\dfrac{2a}{5}$　　(8) $\dfrac{7b}{a}$　　(9) $6x+\dfrac{y}{11}$

解き方 文字式の積や商の計算では，符号をまちが
えないようにする。

負の数が $\begin{cases}偶数個のとき，符号は＋\\奇数個のとき，符号は－\end{cases}$

(2) x は3個，y は2個かけ合わせられている。指数を
使って書く。

(3) $(x-y)$ は1つのものとみて，乗法の記号×をはぶ
く。

(4) $a\div(-8)=\dfrac{a}{-8}=-\dfrac{a}{8}$

※ $a\div(-8)=a\times\left(-\dfrac{1}{8}\right)$ であるから，

$-\dfrac{1}{8}a$ と書いてもよい。

(5) $(a+b)$ は1つのものとみて，分数の形にする。

※ $(a+b)\div9=(a+b)\times\dfrac{1}{9}$ であるから，

$\dfrac{1}{9}(a+b)$ と書いてもよい。

(6) $x\div4\div y=\dfrac{x}{4}\div y=\dfrac{x}{4y}$

(7) $\dfrac{2}{5}a$ と書いてもよい。

(8) $7\div a\times b=\dfrac{7}{a}\times b=\dfrac{7b}{a}$

❸ (1) $5xy$　　(2) $5(x+y)$

解き方 (1) x と y の積 → $x\times y=xy$

xy の5倍 → $xy\times5=5xy$

(2) x と y の和 → $x+y$

$(x+y)$ の5倍 → $(x+y)\times5=5(x+y)$

❹ (1) $(-1)\times x\times y$　　(2) $4\times a\times b\times b$

(3) $3\times a\div b$　　(4) $2\times(a+b)\div5$

(5) $2\times x+4\div y$　　(6) $c\div(a+b)$

解き方 文字式を×や÷を使って表すときには，答
えが1つに決まらないものもあるが，数，文字が並
んでいる順に書くのが自然である。

(1) $-xy=(-1)\times xy=(-1)\times x\times y$

(3) $\dfrac{3a}{b}=3a\div b=3\times a\div b$

(4) $\dfrac{2(a+b)}{5}=2(a+b)\div5=2\times(a+b)\div5$

(6) $c\div a+b$ とすると，記号÷をはぶいたときに，

$\dfrac{c}{a}+b$ となるのでまちがいであることがわかる。

※答えを書いたあとに，もう一度記号×や÷を使わ
ないで表し，問題の式と合うかどうか確認してみよう。

❺ (1) $(10a+3b)$ 円

(2) $\dfrac{7}{10}x$ 円（または $0.7x$ 円）

(3) $\dfrac{x}{a}$ 時間　　(4) $9\pi a^2\,(\mathrm{cm}^2)$

解き方 (1) $a\times10+b\times3=10a+3b\,(円)$

(2) 3割引き → $1-\dfrac{3}{10}$，$x\times\dfrac{7}{10}=\dfrac{7}{10}x\,(円)$

※小数で考えると，

$x\times(1-0.3)=x\times0.7=0.7x\,(円)$

(3) (時間)＝(道のり)÷(速さ) で求める。

$x\div a=\dfrac{x}{a}\,(時間)$

(4) (円の面積)＝(半径)×(半径)×(円周率)

$3a\times3a\times\pi=9\pi a^2\,(\mathrm{cm}^2)$

※積を表すとき，π は数とほかの文字の間に書く。

❻ (1) 23　　(2) 0

(3) 16　　(4) -16

解き方 (1) $5x+3=5\times4+3$
$\qquad\qquad=20+3=23$

(2) $8-2x=8-2\times4$
$\qquad\quad=8-8=0$

(3) $x^2=4^2$
$\qquad=4\times4=16$

(4) $-x^2=(-1)\times x\times x$
$\qquad\quad=(-1)\times4\times4=-16$

❼ (1) 0 　　　　　(2) $-\dfrac{2}{3}$

　(3) -5 　　　　　(4) -17

解き方 負の数を代入するときは，かっこをつけて計算する。

(1) $3a+2b$
$=3\times(-2)+2\times3$
$=-6+6$
$=0$

(2) $\dfrac{a}{b}=\dfrac{(-2)}{3}=-\dfrac{2}{3}$

(3) a^2-3b
$=(-2)^2-3\times3$
$=(-2)\times(-2)-3\times3$
$=4-9=-5$

(4) $4a-b^2$
$=4\times(-2)-3^2$
$=-4\times2-3\times3$
$=-8-9=-17$

❽ (1) 2個のとき…12 cm　3個のとき…16 cm

　(2) $(4+4n)$ cm 　　　(3) 404 cm

解き方 (1) 横に2個並べたとき，縦の長さは2 cm，横の長さは(2×2) cm である。したがって，周の長さは，$\{2+(2\times2)\}\times2=6\times2=12$(cm) である。
横に3個並べたとき，縦の長さは2 cm，横の長さは(2×3) cm である。したがって，周の長さは，$\{2+(2\times3)\}\times2=8\times2=16$(cm) である。

(2) 正方形をn個横に並べたとき，縦の長さは2 cm，横の長さは$(2\times n)$ cm である。したがって，周の長さは，$(2+2n)\times2=4+4n$(cm) となる。

(3) $4+4n$ のnに100を代入すると，$4+4\times100=404$ となる。

2 文字式の計算

3 文字式の利用

p.16-17　Step 2

❶ (1) 項…$-x$, 9　　　　係数…-1

　(2) 項…3, $\dfrac{x}{6}$　　　　係数…$\dfrac{1}{6}$

解き方 文字をふくむ項のうち，文字にかけられた数が係数である。

(1) $-x=(-1)\times x$　　(2) $\dfrac{x}{6}=\dfrac{1}{6}\times x$

❷ (1) $17a$ 　　　　　(2) $-8x$

　(3) $14a+3$ 　　　　(4) $-x-4$

解き方 $ax+bx=(a+b)x$ を使って計算する。

(1) $9a+8a=(9+8)a=17a$

(2) $-x-7x=(-1-7)x=-8x$

(3) $4a+5+10a-2=4a+10a+5-2$
$\qquad\qquad\qquad=(4+10)a+(5-2)$
$\qquad\qquad\qquad=14a+3$

(4) $8-3x-12+2x=-3x+2x+8-12$
$\qquad\qquad\qquad=(-3+2)x+(8-12)$
$\qquad\qquad\qquad=-x-4$

❸ (1) $9a$ 　　　　　(2) $7x+6$

　(3) $-x+1$ 　　　　(4) $5a-2$

解き方 数の計算と同じように，( )をはずすとき，1次式どうしの減法も，ひく式の各項の符号を変えてたす。

(1) $(6a-1)+(1+3a)=6a-1+1+3a$
$\qquad\qquad\qquad=6a+3a-1+1$
$\qquad\qquad\qquad=9a$

(2) $(11x+8)+(-4x-2)=11x+8-4x-2$
$\qquad\qquad\qquad=11x-4x+8-2$
$\qquad\qquad\qquad=7x+6$

(3) $(-2x+6)-(5-x)=-2x+6-5+x$
$\qquad\qquad\qquad=-2x+x+6-5$
$\qquad\qquad\qquad=-x+1$

(4) $(4a-3)-(-a-1)=4a-3+a+1$
$\qquad\qquad\qquad=4a+a-3+1$
$\qquad\qquad\qquad=5a-2$

❹ (1) $-28x$ (2) $-6y$
(3) $8a$ (4) $-4x$

解き方 ある数でわることは，その数の逆数をかけることと同じである。このことを利用すると，除法は乗法になおして計算することができる。

(1) $7x×(-4)=7×x×(-4)$
$=7×(-4)×x$
$=-28x$

(2) $\left(-\dfrac{2}{3}y\right)×9=-\dfrac{2}{3}×y×9$
$=-\dfrac{2}{3}×9×x$
$=-\dfrac{2×\overset{3}{\cancel{9}}}{\cancel{3}_1}×y$
$=-6y$

(3) $-48a÷(-6)=\dfrac{-48a}{-6}$
$=\dfrac{\overset{8}{\cancel{48}}×a}{\cancel{6}_1}$
$=8a$

(4) $6x÷\left(-\dfrac{3}{2}\right)=6x×\left(-\dfrac{2}{3}\right)$
$=6×\left(-\dfrac{2}{3}\right)×x$
$=-\dfrac{\overset{2}{\cancel{6}}×2}{\cancel{3}_1}×x$
$=-4x$

❺ (1) $-16b+12$ (2) $4x+6$
(3) $3a-1$ (4) $12x-32$

解き方 項が2つある1次式と数の乗法では，
分配法則
・$a(b+c)=ab+ac$ ・$(a+b)c=ac+bc$
を使って計算する。

(1) $-2(8b-6)$
$=(-2)×8b+(-2)×(-6)$
$=-16b+12$

(2) $\dfrac{2x+3}{5}×10=\dfrac{(2x+3)×\overset{2}{\cancel{10}}}{\cancel{5}_1}$
$=(2x+3)×2$
$=4x+6$

(3) $(-21a+7)÷(-7)$
$=(-21a+7)×\left(-\dfrac{1}{7}\right)$
$=(-21a)×\left(-\dfrac{1}{7}\right)+7×\left(-\dfrac{1}{7}\right)=3a-1$

※$(-21a+7)÷(-7)=\dfrac{-21a}{-7}+\dfrac{7}{-7}$
$=3a-1$　としてもよい。

(4) $(3x-8)÷\dfrac{1}{4}=(3x-8)×4=12x-32$

❻ (1) $13a+6$ (2) $10y+9$

解き方 かっこの前が－のときは，符号が変わることに注意しよう。

(1) $-2(a-8)+5(3a-2)$
$=-2a+16+15a-10$
$=-2a+15a+16-10$
$=13a+6$

(2) $6(2y+1)-\dfrac{1}{4}(8y-12)$
$=12y+6-2y+3$
$=12y-2y+6+3$
$=10y+9$

❼ (1) 1辺が a cm の正方形の面積　単位…cm²
(2) 1辺が a cm の正方形の周の長さ
単位…cm

解き方 (1) 正方形の1辺の長さが a cm なので，
$a^2=a×a=$（1辺）×（1辺）=（正方形の面積）
を表す。
(2) 正方形の1辺の長さが a cm なので，
$4a=4×a=a×4$
$=$（1辺）×4=（正方形の周の長さ）
を表す。

❽ (1) $S=ah$ (2) $10a+100b=c$
(3) $3a+6b≦8000$

解き方 (1) $S=a×h$ より，$S=ah$
(2) （10円玉と100円玉の合計の金額）=c（円）
(3) （大人と子どもの入館料の合計）≦8000（円）
大人の入館料…$a×3$（円）
子どもの入館料…$b×6$（円）

p.18-19　Step 3

❶ (1) $-7ab$　(2) x^2y　(3) $5+\dfrac{a}{2}$

　(4) $-\dfrac{5xy}{3}\left(-\dfrac{5}{3}xy\right)$　(5) $-4a+8b$　(6) $\dfrac{6y}{x^2}$

❷ (1) $4\times a\times b\times b\times b$　(2) $a\times(x+y)\div9$

❸ (1) $(200-3a)$ ページ　(2) $(5x+3y)$ 円

　(3) $\dfrac{a}{70}$ 分

❹ (1) -2　(2) 1

❺ (1) $6a$　(2) $9x+3$　(3) $11x-2$　(4) $24y-27$

　(5) $-12a$　(6) $6a-8$　(7) $3x-4$　(8) $15x+5$

❻ (1) $-13y+14$　(2) $a-7$

❼ (1) $x-2y=3$　(2) $\dfrac{1}{2}ah=12$　(3) $\dfrac{x+y}{2}=70$

　(4) $3a+2b>600$

解き方

❶ 文字式の表し方は，次のきまりにしたがう。

　① 乗法の記号×をはぶく。

　② 文字と数の積では，数を文字の前に書く。

　③ 同じ文字の積では，指数を使って書く。

　④ 除法の記号÷を使わず，分数の形で書く。

　(2) $1x^2y$ としないように注意する。

　たとえば，$1\times x$ は $1x$ ではなく，x と書き，

　$(-1)\times x$ は $-1x$ ではなく，$-x$ と書く。

　(3)，(5) ＋の記号ははぶかない。

❷ (2) $a(x+y)$ のままにしないようにしよう。

❸ 単位を書き忘れないように注意する。

　文字で表す前に，ことばの式で表すと，

　(1)（残りのページ数）＝（全体のページ数）

　　－（３日間で読んだページ数）

　(2)（代金の合計）＝（ボールペンの代金）

　　＋（ノートの代金）

　(3)（時間）＝（道のり）÷（速さ）

❹ (1) $10x-7=10\times\dfrac{1}{2}-7$

　　　　　$=5-7$

　　　　　$=-2$

　(2) $8x^2-12x+5=8\times\dfrac{1}{2}\times\dfrac{1}{2}-12\times\dfrac{1}{2}+5$

　　　　　　　$=2-6+5$

　　　　　　　$=1$

❺ (1) 文字の部分が同じ項は，まとめることができる。

　$4a-7a+9a=(4-7+9)a=6a$

　(2) 文字の部分が同じ項と数の項をまとめる。

　$-x-6+9+10x=-x+10x-6+9=9x+3$

　(3) まず，かっこをはずし，項をまとめる。

　$(5x-3)-(-6x-1)=5x-3+6x+1$

　　　　　　　　　$=5x+6x-3+1$

　　　　　　　　　$=11x-2$

　(4) 分配法則を使って計算する。

　$3(8y-9)=3\times8y+3\times(-9)=24y-27$

　(5) 除法は乗法になおして計算する。

　$54a\div\left(-\dfrac{9}{2}\right)=54a\times\left(-\dfrac{2}{9}\right)=-12a$

　(6) $\dfrac{-3a+4}{3}\times(-6)=(-3a+4)\times(-2)$

　　　　　　　　　$=6a-8$

　(7) $(18x-24)\div6=(18x-24)\times\dfrac{1}{6}$

　　　　　　　　$=18x\times\dfrac{1}{6}-24\times\dfrac{1}{6}$

　　　　　　　　$=3x-4$

　(8) $(3x+1)\div\dfrac{1}{5}=(3x+1)\times5=15x+5$

❻ (1) 符号の変化に注意してかっこをはずす。

　$-5(y-2)-4(2y-1)=-5y+10-8y+4$

　　　　　　　　　$=-5y-8y+10+4$

　　　　　　　　　$=-13y+14$

　(2) $\dfrac{1}{3}(6a-15)+\dfrac{1}{2}(-2a-4)$

　$=2a-5-a-2$

　$=a-7$

❼ (1)（全部のクッキーの数）

　　－（分けたクッキーの数）＝（余ったクッキーの数）

　　$x-2\times y=3$

　(2)（三角形の面積）＝$\dfrac{1}{2}\times$（底辺）$\times$（高さ）

　　$\dfrac{1}{2}\times a\times h=12$

　(3)（２人の平均点）＝（２人の合計点）÷２

　　$(x+y)\div2=70$

　(4) 600 円では足りなかったので，代金の合計の方

　が多い。

　（パンとジュースの代金の合計）＞600

　$a\times3+b\times2>600$

3章 1次方程式

1 1次方程式

p.21-22　Step 2

❶ ⑦, ㋓

解き方 x に 4 を代入して，（左辺）＝（右辺）であれば，4 が解となる。

⑦ （左辺）＝$x+4$
　　　　＝$4+4=8$　左辺≠右辺

㋑ （左辺）＝$2x+7$
　　　　＝$2×4+7=15$　左辺＝右辺

㋒ （左辺）＝$\frac{1}{2}x+3$
　　　　＝$\frac{1}{2}×4+3=5$　左辺≠右辺

㋓ （左辺）＝$3x-6$
　　　　＝$3×4-6=6$
　（右辺）＝$x+2$
　　　　＝$4+2=6$　左辺＝右辺

❷ (1) $x=11$　⑦
(2) $x=5$　㋓
(3) $x=24$　㋒
(4) $x=-7$　㋑

解き方 等式の性質を使って，左辺を x だけにする。

(1) 両辺に同じ数をたして解く。
　　$x-4=7$　両辺に 4 をたすと
　$x-4+4=7+4$
　　　$x=11$

$A=B$ ならば，
$A+C=B+C$

(2) 両辺を同じ数でわって解く。
　　$4x=20$　両辺を 4 でわると
　$\frac{4x}{4}=\frac{20}{4}$
　　$x=5$

$A=B$ ならば，
$\frac{A}{C}=\frac{B}{C}$
（ただし，$C≠0$）

(3) 両辺に同じ数をかけて解く。
　　$\frac{x}{3}=8$　両辺に 3 をかけると
　$\frac{x}{3}×3=8×3$
　　　$x=24$

$A=B$ ならば，
$AC=BC$

(4) 両辺から同じ数をひいて解く。
　　$x+6=-1$　両辺から 6 をひくと
　$x+6-6=-1-6$
　　　$x=-7$

$A=B$ ならば，
$A-C=B-C$

❸ (1) $x=7$
(2) $x=3$
(3) $x=5$
(4) $x=2$
(5) $x=0$
(6) $x=-8$

解き方 x をふくむ項を左辺に，数の項を右辺に移項し，$ax=b$ の形に整理して両辺を x の係数 a でわる。等式では，一方の辺の項を，符号を変えて他方の辺に移すことを移項という。移項すると，移項した項の符号が変わることに十分注意しよう。

(1) $x+2=9$
2 を移項すると
　　$x=9-2$
　　$x=7$

(2) $3x-4=5$
-4 を移項すると
　　$3x=5+4$
　　$3x=9$
両辺を 3 でわる。
　　$x=3$

(3) $2x=5x-15$
$5x$ を移項すると
$2x-5x=-15$
　$-3x=-15$
両辺を -3 でわる。
　　$x=5$

(4) $8x+3=x+17$
3 と x を移項すると
　$8x-x=17-3$
　　$7x=14$
　　$x=2$

※ 2 つの項を同時に移項してもよい。

(5) $5-6x=3x+5$
左辺の 5 と $3x$ を移項すると
$-6x-3x=5-5$
　　$-9x=0$
　　　$x=0$

※ 0 をある数でわったときの商は，つねに 0 になる。

(6) $-7+9x=10x+1$
-7 と $10x$ を移項すると
　$9x-10x=1+7$
　　　$-x=8$
　　　$x=-8$

❹ (1) $x=4$　　　　　　(2) $x=7$

　 (3) $x=-3$　　　　　(4) $x=5$

【解き方】かっこのある1次方程式では，分配法則を
使ってかっこをはずしてから解く。

(1) $-3(x-2)=-6$

$\qquad -3x+6=-6$

$\qquad\quad -3x=-6-6$

$\qquad\quad -3x=-12$

$\qquad\qquad x=4$

※ $-3(x-2)=-6$ の両辺を -3 でわると　$x-2=2$
より $x=4$ ともできる。

(2) $4(x-8)=3x-25$

$\quad 4x-32=3x-25$

$\quad 4x-3x=-25+32$

$\qquad\quad x=7$

(3) $5(2x+4)=2(x-2)$

$\quad 10x+20=2x-4$

$\quad 10x-2x=-4-20$

$\qquad 8x=-24$

$\qquad\ x=-3$

(4) $15-2(3x-4)=-7$

$\quad 15-6x+8=-7$

$\qquad\quad -6x=-7-15-8$

$\qquad\quad -6x=-30$

$\qquad\qquad x=5$

❺ (1) $x=9$　　　(2) $x=-2$　　　(3) $x=4$

　 (4) $x=-12$　　(5) $x=18$　　　(6) $x=3$

【解き方】係数に小数をふくむ1次方程式では，両辺
に10や100などをかけて，係数を整数にしてから解く。
また，係数に分数をふくむ1次方程式では，分母の
最小公倍数を両辺にかけて，分数をふくまない式に
変形してから解く。

(1)　　　$0.2x-0.6=1.2$

両辺に10をかけると

$(0.2x-0.6)\times10=1.2\times10$

$\qquad\quad 2x-6=12$

$\qquad\qquad 2x=12+6$

$\qquad\qquad 2x=18$

$\qquad\qquad\ x=9$

(2)　　　$0.4x-0.1=0.8x+0.7$

両辺に10をかけると

$(0.4x-0.1)\times10=(0.8x+0.7)\times10$

$\qquad\quad 4x-1=8x+7$

$\qquad 4x-8x=7+1$

$\qquad\quad -4x=8$

$\qquad\qquad x=-2$

(3)　　　$0.7-0.04x=0.12x+0.06$

両辺に100をかけると

$(0.7-0.04x)\times100=(0.12x+0.06)\times100$

$\qquad\quad 70-4x=12x+6$

$\quad -4x-12x=6-70$

$\qquad\quad -16x=-64$

$\qquad\qquad x=4$

(4)　$\dfrac{1}{2}x-3=\dfrac{3}{4}x$

両辺に4をかけると

$\left(\dfrac{1}{2}x-3\right)\times4=\dfrac{3}{4}x\times4$

$\qquad 2x-12=3x$

$\quad 2x-3x=12$

$\qquad\ -x=12$

$\qquad\quad x=-12$

(5)　$\dfrac{1}{4}x+\dfrac{1}{2}=\dfrac{1}{3}x-1$

両辺に12をかけると

$\left(\dfrac{1}{4}x+\dfrac{1}{2}\right)\times12=\left(\dfrac{1}{3}x-1\right)\times12$

$\qquad 3x+6=4x-12$

$\quad 3x-4x=-12-6$

$\qquad\ -x=-18$

$\qquad\quad x=18$

(6)　$\dfrac{2x-5}{3}=\dfrac{3x-7}{6}$

両辺に6をかけると

$\dfrac{2x-5}{3}\times6=\dfrac{3x-7}{6}\times6$

$\dfrac{(2x-5)\times\overset{2}{\cancel{6}}}{\underset{1}{\cancel{3}}}=\dfrac{(3x-7)\times\overset{1}{\cancel{6}}}{\underset{1}{\cancel{6}}}$

$\quad 2(2x-5)=3x-7$

$\quad 4x-10=3x-7$

$\quad 4x-3x=-7+10$

$\qquad\quad x=3$

❻ (1) $x=20$　　　(2) $x=10$

(3) $x=9$　　　(4) $x=4$

解き方　「外側の項の積と内側の項の積は等しい」という比例式の性質を利用する。

$$a:b=c:d のとき　ad=bc$$

解説

$a:b$ の比の値は，$\dfrac{a}{b}$

$c:d$ の比の値は，$\dfrac{c}{d}$

これらが等しいので，$\dfrac{a}{b}=\dfrac{c}{d}$

この両辺に bd をかけると，

$$\dfrac{a}{b}\times bd=\dfrac{c}{d}\times bd$$

よって，$ad=bc$ が成り立つ。

(1) $x:35=4:7$

比例式の性質から

$x\times 7=35\times 4$

$7x=140$

$x=20$

(2) $4:5=(x-2):10$

比例式の性質から

$4\times 10=5\times(x-2)$

$40=5x-10$

$-5x=-10-40$

$-5x=-50$

$x=10$

(3) $(x+3):8=3:2$

比例式の性質から

$(x+3)\times 2=8\times 3$

$2x+6=24$

$2x=24-6$

$2x=18$

$x=9$

(4) $x:2=(x+6):5$

比例式の性質から

$x\times 5=2\times(x+6)$

$5x=2x+12$

$5x-2x=12$

$3x=12$

$x=4$

② 1次方程式の利用

p.24-25　**Step ②**

❶ 7

解き方　もとの数を x とすると，それぞれ，

2倍して4を加えた数は　$2x+4$

4をひいて6倍した数は　$6(x-4)$ より，

$2x+4=6(x-4)$

これを解くと

$x=7$

もとの数が7であるとすると，

2倍して4を加えた数は，$7\times 2+4=18$

4をひいて6倍した数は，$(7-4)\times 6=18$

となり，等しいので，問題に適している。

❷ 600円

解き方　買った本の値段を x 円とすると，A さん，B さんの残金はそれぞれ，次のように表せる。

A さんの残金は　$(1500-x)$ 円

B さんの残金は　$(900-x)$ 円

2人の残金の関係は，

（A さんの残金）＝（B さんの残金）$\times 3$

$1500-x=3(900-x)$

これを解くと

$x=600$

買った本の値段を600円とすると，A さんの残金は900円，B さんの残金は300円となり，A さんの残金は B さんの残金の3倍になっているので，問題に適している。

❸ 300円

解き方　2人がもらった金額を x 円とすると，姉の所持金は $(4100+x)$ 円，妹の所持金は $(800+x)$ 円となる。

姉の所持金は妹の所持金の4倍であるから，

$4100+x=(800+x)\times 4$

これを解くと

$x=300$

もらった金額が300円であるとすると，姉の所持金は4400円，妹の所持金は1100円となり，4倍なので，問題に適している。

❹ 子どもの人数…9 人

あめの個数…50 個

解き方 あめの個数を 2 通りの式に表し，それらの

式から方程式をつくる。

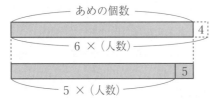

子どもの人数を x 人とすると，あめの個数は，

6 個ずつ配るときは　$(6x-4)$ 個

5 個ずつ配るときは　$(5x+5)$ 個

と表せる。どちらの配り方をしても，あめの個数は

同じなので，

　　　$6x-4=5x+5$　これを解くと

　　　　　　$x=9$

このとき，あめの個数は，$6×9-4=54-4=50$（個）

子どもの人数を 9 人，あめの個数を 50 個とすると，

6 個ずつ配ると，$6×9-50=4$（個）

5 個ずつ配ると，$50-5×9=5$（個）

で問題に適している。

※あめの個数は，$5×9+5=45+5=50$（個）

でも求められる。

❺ 140 円

解き方 持っていたお金を 2 通りの式で表す。ジュース 1 本の値段を x 円とすると，持っていたお金は，

ジュースを 7 本買うときは　$(7x-180)$ 円

ジュースを 5 本買うときは　$(5x+100)$ 円

と表せる。持っていたお金は変わらないので，

　　　$7x-180=5x+100$　これを解くと

　　　　　　$x=140$

ジュース 1 本の値段を 140 円とすると，持っていた

お金は，

7 本の場合，$140×7-180=800$（円）

5 本の場合，$140×5+100=800$（円）

で問題に適している。

❻ 追いつく時間…5（分後）

追いつく地点…（家から）1200（m）

解き方 弟が出発してから x 分後に姉に追いつくと

すると，2 人が進んだ時間や道のりは次のようになる。

	速さ	時間（分）	道のり（m）
姉	分速 60 m	$15+x$	$60(15+x)$
弟	分速 240 m	x	$240x$

弟が姉に追いつくとき，（姉が進んだ道のり）

＝（弟が進んだ道のり）となるから，

　　　$60(15+x)=240x$

　　　$900+60x=240x$

　　　$-180x=-900$ より $x=5$

5 分後に追いつくとすると，2 人が進んだ道のりは，

姉は，$60×(15+5)=1200$（m）

弟は，$240×5=1200$（m）

で，ともに 1200 m となり，図書館までの道のり

1500 m より短いので，問題に適している。

❼ 1600 m

解き方 家から広場までの道のりを x m とすると，

時間の関係は，（歩いてかかる時間）

＝（自転車でかかる時間）＋12（分）

$$\frac{x}{80}=\frac{x}{200}+12$$

$$\frac{x}{80}×400=\left(\frac{x}{200}+12\right)×400$$

$$5x=2x+4800$$

$$3x=4800 \text{ より } x=1600$$

家から広場までの道のりを 1600 m とすると，

歩いてかかる時間は，$1600÷80=20$（分）

自転車でかかる時間は，$1600÷200=8$（分）

$20-8=12$（分）となり，問題に適している。

❽ 5 個

解き方 入れた青玉の個数を x 個とすると，青玉の

合計は $(3+x)$ 個と表せる。

青玉と白玉の個数の比が 2：3 になったことから，

　　　$(3+x):12=2:3$

　　　$(3+x)×3=12×2$

　　　　$9+3x=24$

　　　　　$3x=15$ より $x=5$

入れた青玉の個数を 5 個とすると，

$(3+5):12=2:3$ となり，問題に適している。

❶ ㋐，㋓

❷ (1)$x=-6$　(2)$y=-1$　(3)$x=-2$
　(4)$x=7$　(5)$a=-9$　(6)$x=-4$

❸ $a=9$

❹ (1)$x=15$　(2)$x=5$　(3)$x=2$　(4)$x=8$

❺ 50 円の鉛筆…12 本　90 円の鉛筆…5 本

❻ 駅に着くまでには追いつかない。

❼ (1)$(n-1)+n+(n+1)=24$　(2)7，8，9

解き方

❶ ㋐～㋓の式の x に -2 を代入して，等式が成り立つかどうかを調べる。

❷ かっこのある 1 次方程式は，分配法則を使ってかっこをはずす。また，係数に小数や分数のある 1 次方程式は，両辺を何倍かして小数や分数をなくす。

(2)$6(y+4)=2(-y+8)$
　$6y+24=-2y+16$
　$8y=-8$ より $y=-1$

(4)　$1.2x-0.66=1.12x-0.1$
$(1.2x-0.66)\times100=(1.12x-0.1)\times100$
　　$120x-66=112x-10$
　　　$8x=56$ より $x=7$

(6)　$\frac{1}{7}x-\frac{2}{3}=\frac{8}{21}x+\frac{2}{7}$
$\left(\frac{1}{7}x-\frac{2}{3}\right)\times21=\left(\frac{8}{21}x+\frac{2}{7}\right)\times21$
　　$3x-14=8x+6$
　　　$-5x=20$ より $x=-4$

❸ $x=-3$ は $4x+1=ax+16$ の解だから，
$4x+1=ax+16$ の x に -3 を代入すると，
$4\times(-3)+1=a\times(-3)+16$
　$-12+1=-3a+16$
　　$3a=16+12-1$
　　$3a=27$
　　　$a=9$

❹ 比例式の性質を利用して解く。
(1)$x:27=5:9$
　$x\times9=27\times5$
　　$x=15$

(2)$21:(x+4)=7:3$
　$21\times3=(x+4)\times7$
　　$x=5$

(3)$3:(x+1)=2:x$
　$3\times x=(x+1)\times2$
　　$x=2$

(4)$(x-2):2=3x:8$
　$(x-2)\times8=2\times3x$
　　$x=8$

❺ 90 円の鉛筆の本数を x 本とすると，50 円の鉛筆の本数は $(x+7)$ 本と表せる。
　$50(x+7)+90x=1050$
$50x+350+90x=1050$
　$50x+90x=1050-350$
　　$140x=700$ より $x=5$
このとき，50 円の鉛筆の本数は，$5+7=12$(本)
50 円の鉛筆 12 本，90 円の鉛筆 5 本とすると
その代金は，$50\times12+90\times5=1050$(円)となり，
問題に適している。

❻ B さんが出発してから x 分後に A さんに追いつくとすると，
A さんの進んだ道のりは　$60(10+x)$ m
B さんの進んだ道のりは　$100x$ m
と表せるから，道のりの関係は
　$60(10+x)=100x$
　$600+60x=100x$
　　$-40x=-600$ より $x=15$
15 分後に追いつく地点は，$100\times15=1500$(m)
学校と駅との道のりは 1200 m だから，A さんが駅に着くまでに，B さんは A さんに追いつかないことがわかる。

❼ (1)連続する 3 つの整数のうちまん中の数を n とすると，3 つの整数は，$n-1$，n，$n+1$ と表せる。
この 3 つの整数の和が 24 なので，
　$(n-1)+n+(n+1)=24$
(2)(1)の方程式を解くと，
　$n-1+n+n+1=24$
　　$3n=24$ より $n=8$
よって，残りの 2 つの数は 7，9 である。
連続する 3 つの整数を 7，8，9 とすると，その和は $7+8+9=24$ で，問題に適している。

13

4章 比例と反比例

1 比例

p.29-30 **Step 2**

❶(1)いえる。　(2)いえない。　(3)いえる。

解き方(1)x と y の関係をことばの式で表すと，

(正三角形の周の長さ)＝(1辺の長さ)×3 より，

$y=3x$

(2)たとえば，絶対値が5である数は $+5$ と -5 の2つある。x の値が1つ決まっても，y の値は1つに決まらないので，y は x の関数であるといえない。

(3)x と y の関係をことばの式で表すと，

(残りの長さ)＝(全体の長さ)－(切った長さ) より，

$y=50-x$

❷(1)$y=15x$　　　　　(2)$0 \leqq x \leqq 45$

解き方(1)(自動車が走る距離)

＝(1Lのガソリンで走る距離)×(ガソリンの量)

だから，$y=15 \times x$　よって，$y=15x$

(2)ガソリンタンクの容量が45Lであるので，変数 x

(ガソリンの量)の値の範囲は，0以上45以下となる。

よって，x の変域は $0 \leqq x \leqq 45$

❸(1)左から順に，-10，-5，0，5，10

　(2)左から順に，$\dfrac{2}{3}$，$\dfrac{1}{3}$，0，$-\dfrac{1}{3}$，$-\dfrac{2}{3}$

解き方(1)$x=-2$ のとき，$y=5 \times (-2)=-10$

$x=-1$ のとき，$y=5 \times (-1)=-5$

$x=0$ のとき，$y=5 \times 0=0$

$x=1$ のとき，$y=5 \times 1=5$

$x=2$ のとき，$y=5 \times 2=10$

(2)$x=-2$ のとき，$y=-\dfrac{1}{3} \times (-2)=\dfrac{2}{3}$

$x=-1$ のとき，$y=-\dfrac{1}{3} \times (-1)=\dfrac{1}{3}$

$x=0$ のとき，$y=-\dfrac{1}{3} \times 0=0$

$x=1$ のとき，$y=-\dfrac{1}{3} \times 1=-\dfrac{1}{3}$

$x=2$ のとき，$y=-\dfrac{1}{3} \times 2=-\dfrac{2}{3}$

❹(1)$y=-6x$　　(2)$y=42$　　　(3)$x=-9$

解き方(1)y が x に比例するとき，比例定数を a とすると，$y=ax$ と表すことができる。

$x=-3$ のとき $y=18$ であるから，

$18=a \times (-3)$

$a=-6$

よって，$y=-6x$

(2)$y=-6x$ に $x=-7$ を代入して，

$y=-6 \times (-7)=42$

(3)$y=-6x$ に $y=54$ を代入して，

$54=-6x$

$x=-9$

❺ A$(-5, -2)$　　　　　B$(4, 0)$

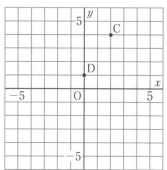

解き方 x 座標が0の点は，y 軸上にある。y 座標が0の点は，x 軸上にある。

❻

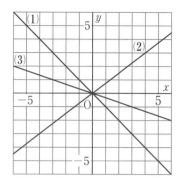

解き方 比例のグラフは，原点を通る直線であり，グラフが通る原点以外の1点をみつければ，直線がかける。

原点以外の1点は，x と y の値がともに整数となる点をみつければよい。

(1) $y=-x$ は，$x=1$ のとき $y=-1$

→原点と点 $(1，-1)$ を通る。

(2) $y=\dfrac{3}{4}x$ は，$x=4$ のとき $y=3$

→原点と点 $(4，3)$ を通る。

(3) $y=-\dfrac{1}{3}x$ は，$x=3$ のとき $y=-1$

→原点と点 $(3，-1)$ を通る。

❼ (1) $y=\dfrac{3}{5}x$　　　　(2) $y=4x$

　(3) $y=-2x$　　　　(4) $y=-\dfrac{2}{3}x$

解き方 比例の式だから，$y=ax(a$ は比例定数$)$ とおける。

この $y=ax$ にグラフが通る原点以外の1点の座標を代入して，1次方程式をつくり，それを解いて比例定数 a を求める。

(1) グラフが点 $(5，3)$ を通っているから，$y=ax$ に $x=5$，$y=3$ を代入すると，

$$3=a\times5$$
$$a=\dfrac{3}{5}$$

よって，$y=\dfrac{3}{5}x$

(2) グラフが点 $(1，4)$ を通っているから，$y=ax$ に $x=1$，$y=4$ を代入すると，

$$4=a\times1$$
$$a=4$$

よって，$y=4x$

(3) グラフが点 $(1，-2)$ を通っているから，$y=ax$ に $x=1$，$y=-2$ を代入すると，

$$-2=a\times1$$
$$a=-2$$

よって，$y=-2x$

(4) グラフが点 $(3，-2)$ を通っているから，$y=ax$ に $x=3$，$y=-2$ を代入すると，

$$-2=a\times3$$
$$a=-\dfrac{2}{3}$$

よって，$y=-\dfrac{2}{3}x$

[2] 反比例

[3] 比例と反比例の利用

p.32-33　**Step ②**

❶ (1) 式…$y=\dfrac{16}{x}$　　　　比例定数…16

　(2) 式…$y=\dfrac{15}{x}$　　　　比例定数…15

解き方 (1)（平行四辺形の面積）＝（底辺）×（高さ）で求められる。

平行四辺形の底辺を x cm，高さを y cm とするとき，面積は 16 cm² なので，式に表すと，$x\times y=16$

y を x の式で表すと，

$$y=\dfrac{16}{x}\quad 比例定数は 16 になる。$$

(2)（時間）＝（道のり）÷（速さ）で求められる。

ここでは，時間が y 時間，道のりが 15 km，速さが時速 x km なので，式に表すと，

$$y=15\div x$$
$$y=\dfrac{15}{x}\quad 比例定数は 15 になる。$$

❷ $y=-\dfrac{48}{x}$

解き方 y は x に反比例するから，比例定数を a とすると，$y=\dfrac{a}{x}$ と表すことができる。

$x=-6$ のとき $y=8$ であるから，$8=\dfrac{a}{-6}$

$$a=-48\quad よって，y=-\dfrac{48}{x}$$

❸

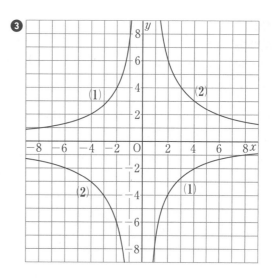

解き方 対応する x, y の値の組を座標とする点をいくつかとり、それらの点を通るなめらかな曲線(双曲線)をかく。

(1) $y=-\dfrac{8}{x}$ のグラフは、たとえば、次のような座標を通る。

$x=1$ のとき $y=-8$ … $(1, -8)$
$x=2$ のとき $y=-4$ … $(2, -4)$
$x=4$ のとき $y=-2$ … $(4, -2)$
$x=8$ のとき $y=-1$ … $(8, -1)$
$x=-1$ のとき $y=8$ … $(-1, 8)$
$x=-2$ のとき $y=4$ … $(-2, 4)$
$x=-4$ のとき $y=2$ … $(-4, 2)$
$x=-8$ のとき $y=1$ … $(-8, 1)$

(2) $y=\dfrac{12}{x}$ のグラフは、たとえば、次のような座標を通る。

$x=2$ のとき $y=6$ … $(2, 6)$
$x=3$ のとき $y=4$ … $(3, 4)$
$x=4$ のとき $y=3$ … $(4, 3)$
$x=6$ のとき $y=2$ … $(6, 2)$
$x=-2$ のとき $y=-6$ … $(-2, -6)$
$x=-3$ のとき $y=-4$ … $(-3, -4)$
$x=-4$ のとき $y=-3$ … $(-4, -3)$
$x=-6$ のとき $y=-2$ … $(-6, -2)$

(1)のように、比例定数が負のとき、グラフは左上と右下に現れ、(2)のように、比例定数が正のとき、グラフは右上と左下に現れる。

❹ (1) ⑦ (2) ⑦

解き方 (1) グラフが右上と左下に現れているので、比例定数は正の数だとわかる。
図より、点 $(1, 4)$ を通っているので、反比例の式 $y=\dfrac{a}{x}$ に $x=1$, $y=4$ を代入して、比例定数 a を求めると、

$4=\dfrac{a}{1}$
$a=4$ (>0)

したがって、$y=\dfrac{4}{x}$

(2) グラフが左上と右下に現れているので、比例定数は負の数だとわかる。
図より、点 $(1, -2)$ を通っているので、反比例の式 $y=\dfrac{a}{x}$ に $x=1$, $y=-2$ を代入して、比例定数 a を求めると、

$-2=\dfrac{a}{1}$
$a=-2$ (<0)

したがって、$y=-\dfrac{2}{x}$

❺ (1) $y=6x$ (2) 90 L

解き方 (1) y は x に比例するので、比例定数を a とすると、$y=ax$ で表せる。3分間で18 L 入るので、$x=3$, $y=18$ を代入して、

$18=a\times3$
$a=6$

よって、$y=6x$

(2) $y=6x$ に $x=15$ を代入すると、
$y=6\times15=90$(L)

❻ (1) $y=\dfrac{600}{x}$ (2) 25 枚

解き方 (1) (1人がはる枚数)×(人数)=(切手の枚数)
だから、$y\times x=600$

y を x の式で表すと、$y=\dfrac{600}{x}$

(2) $y=\dfrac{600}{x}$ に $x=24$ を代入すると、

$y=\dfrac{600}{24}=25$(枚)

❼ (1) 兄…分速 75 m 弟…分速 60 m
(2) 8 分後

解き方 (1) グラフより、兄は、16分間で1200 m 進むから、1分間で $1200\div16=75$(m)進む。
よって、兄の歩く速さは、分速 75 m
弟は、20分間で1200 m 進むから、1分間で $1200\div20=60$(m)進む。
よって、弟の歩く速さは、分速 60 m

(2) (1)より、2人は1分間に $75-60=15$(m)離れる。
よって、120 m 離れるのは、
$120\div15=8$(分後)

p.34-35　Step ❸

❶ (1) ㋔, ㋕　(2) ㋑, ㋓
　(3) ㋐, ㋒, ㋕
　(4) ㋒, ㋔

❷ (1) 式…$y=50x$　比例する。
　(2) 式…$y=\dfrac{10}{x}$　反比例する。

❸ (1) ㋐ 6　㋑ 0　㋒ -6　㋓ -12　㋔ -18
　(2) ㋕ -12　㋖ -24　㋗ 24　㋘ 12

❹ (1) $y=-\dfrac{1}{2}x$　(2) $y=\dfrac{36}{x}$

❺ (1) ㋐ $y=\dfrac{4}{3}x$　㋑ $y=-\dfrac{4}{x}$

　(2)
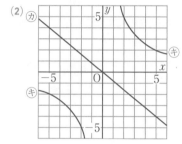

❻ (1) $y=5x$　(2) 15 cm²
　(3) $0\leqq x\leqq 10$　(4) $0\leqq y\leqq 50$

解き方

❶ (1) 反比例の式は，$y=\dfrac{a}{x}$ で表せる。
　(2) 比例 $y=ax$ のグラフは，原点を通る直線で，$a<0$ のとき，グラフは右下がりになる。
　(3) x の値が正の数の範囲で右上がりになるグラフをさがす。
　(4) $x=4$，$y=1$ をそれぞれの式に代入して調べる。

❷ (1) (代金)＝(1本の金額)×(本数)
　$y=50×x$　よって，$y=50x$
　これは，$y=ax$ の形なので，比例の式である。
　(2) (1袋あたりの重さ)＝(米全体の重さ) ÷(等分する数)
　$y=10÷x$　よって，$y=\dfrac{10}{x}$
　これは，$y=\dfrac{a}{x}$ の形なので，反比例の式である。

❸ (1) y が x に比例するので，$y=ax$ と表せる。
　$x=-2$ のとき $y=12$ であることから，$a=-6$
　よって，$y=-6x$ の x に代入して求める。

(2) y が x に反比例するので，$y=\dfrac{a}{x}$ と表せる。
　$x=3$ のとき $y=8$ であることから，$a=24$
　よって，$y=\dfrac{24}{x}$ の x に代入して求める。

❹ (1) y が x に比例するので，$y=ax$ に $x=-4$，$y=2$ を代入すると，$a=-\dfrac{1}{2}$
　よって，$y=-\dfrac{1}{2}x$
　(2) y が x に反比例するので，$y=\dfrac{a}{x}$ に $x=-6$，$y=-6$ を代入すると，$a=36$
　よって，$y=\dfrac{36}{x}$

❺ (1) ㋐ 比例のグラフだから，$y=ax$ と表せる。
　点 $(3, 4)$ を通っているから，$x=3$，$y=4$ を代入して，$a=\dfrac{4}{3}$
　よって，$y=\dfrac{4}{3}x$
　㋑ 反比例のグラフだから，$y=\dfrac{a}{x}$ と表せる。
　点 $(1, -4)$ を通っているから，$x=1$，$y=-4$ を代入して，$a=-4$
　よって，$y=-\dfrac{4}{x}$
　(2) 比例のグラフでは，原点と原点以外の1点を直線で結ぶ。反比例のグラフでは，通る座標をいくつかとり，それらの点を通るなめらかな曲線をかく。
　㋕ 原点と $(5, -4)$ を通る。
　㋖ $(2, 5)$，$(5, 2)$，$(-2, -5)$，$(-5, -2)$ などを通る。

❻ (1) (三角形の面積)＝$\dfrac{1}{2}$×(底辺)×(高さ)
　底辺は BP，高さは 10 cm だから，
　$y=\dfrac{1}{2}×x×10$　よって，$y=5x$
　(2) $y=5x$ に $x=3$ を代入して，
　$y=5×3=15$(cm²)
　(3) 点 P は辺 BC(10 cm)上を B から C まで動くので，x の変域は，$0\leqq x\leqq 10$
　(4) 三角形 ABP の面積は，$x=10$ のときに最大になるから，$y=5x$ に $x=10$ を代入して，
　$y=5×10=50$
　よって，y の変域は，$0\leqq y\leqq 50$

5章 平面図形

[1] 平面図形

p.37　**Step 2**

❶

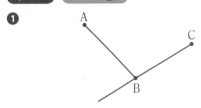

解き方 直線, 半直線, 線分のちがいを理解する。

・線分 AB

2点 A, B を通る直線を直線 AB といい, そのうち, 点 A から点 B までの部分を線分 AB という。よって, 点 A と点 B を結ぶ線をひく。

・半直線 CB

半直線 BC ではなく, CB と表されていることに注意する。これは直線 BC のうち, 点 C から点 B の方向に限りなくのびた部分のことを表しているので, 点 C を端として, 点 B の方向にのびた線をひく。

❷

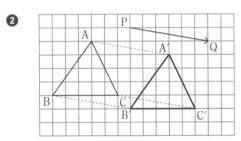

解き方 図形を, 一定の方向に一定の距離だけずらすことを平行移動という。

〈平行移動した図のかき方〉

① 線分 AA′ と線分 PQ が平行で, AA′＝PQ となる点 A′ をとる。

② 点 B′, 点 C′ についても, 点 A′ と同じ方法でとる。

③ 点 A′, 点 B′, 点 C′ を結んで, △A′B′C′ をかく。

※移動によって, ぴったりと重なる点を, 対応する点という。

平行移動において, 対応する2点を結ぶ線分は, どれも平行で長さが等しくなる。

　　AA′∥BB′∥CC′(∥PQ)

　　AA′＝BB′＝CC′(＝PQ)

また, A′ は「A ダッシュ」と読む。

❸

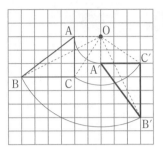

解き方 図形を, ある点 O を中心にして一定の角度だけ回すことを回転移動という。

〈回転移動した図のかき方〉

① OA＝OA′ で, OA から時計の針の回転と反対方向に ∠AOA′＝90° となる点 A′ をとる。

② 点 B′, 点 C′ についても, 点 A′ と同じ方法でとる。

③ 点 A′, 点 B′, 点 C′ を結んで, △A′B′C′ をかく。

※点 O を回転の中心という。

回転移動において, 回転の中心と対応する2点をそれぞれ結んでできる角は, すべて等しくなる。

　　∠AOA′＝∠BOB′＝∠COC′(＝90°)

❹

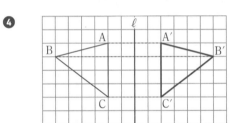

解き方 図形を, ある直線 ℓ を折り目として折り返すことを, 直線 ℓ を軸とする対称移動という。

〈対称移動した図のかき方〉

① 点 A から直線 ℓ に垂直な線をひき, ℓ との交点を P とする。

② 点 B, 点 C についても, ①と同様に直線 ℓ に垂直な線をひき, 交点を Q, R とする。

③ 直線 AP 上に, AP＝A′P となる点 A′ をとる。

④ ③と同様に, BQ＝B′Q, CR＝C′R となる点 B′, 点 C′ をとる。

⑤ 点 A′, 点 B′, 点 C′ を結んで, △A′B′C′ をかく。

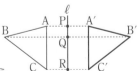

※直線 ℓ を対称の軸という。

対称移動において, 対応する2点を結ぶ線分は対称の軸によって垂直に2等分される。

2 作図

p.39 Step 2

❶

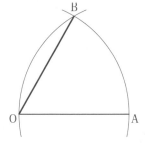

解き方 定規とコンパスだけを使って図をかくことを作図という。

作図において，定規は直線や線分をひくために用い，コンパスは円をかいたり，線分の長さを移したりするために用いる。

3 つの辺の長さが等しい三角形を正三角形といい，正三角形の 3 つの角の大きさは等しい（1 つの角の大きさが 60°）ことに注目する。

∠AOB を角とする正三角形 AOB をかけば，∠AOB は 60° になることがわかる。

「3 つの辺の長さが等しい」ことにより，線分 OB，線分 AB が，線分 OA の長さと等しくなるように点 B をとると，正三角形 AOB をかくことができる。

次の手順で作図する。

・手順①
　線分 OA の長さをコンパスでとり，点 O を中心として，円をかく。

・手順②
　点 A を中心として，①と同じ半径の円をかく。

・手順③
　①と②の交点を B とする。

・手順④
　線分 OB をひく。

作図ができたら，定規や分度器を使って，
・OA＝OB となっているか。
・∠AOB＝60° となっているか。
を確かめよう。
※作図の過程でひいた線は消さずに残しておこう。

❷

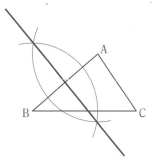

解き方 △ABC となっているが，辺 AB のみに注目して，線分 AB の垂直二等分線を作図する問題である。次の手順で作図する。

・手順①
　点 A を中心とする適当な半径（線分 AB の $\frac{1}{2}$ より長い長さ）の円をかく。

・手順②
　点 B を中心として，①と同じ半径の円をかき，2 つの円の交点をとる。

・手順③
　②の 2 つの交点を通る直線をひく。

❸

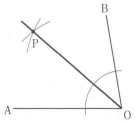

解き方 角の二等分線の基本的な作図問題である。

1 つの角を 2 等分する半直線を，その角の二等分線という。

半直線 OP が ∠AOB の二等分線であるとき，

$$\angle AOP = \angle BOP = \frac{1}{2}\angle AOB$$

次の手順で作図する。

・手順①
　点 O を中心とする適当な半径の円をかき，OA，OB との交点をとる。

・手順②
　①の 2 つの交点をそれぞれ中心として，同じ半径の円をかき，2 つの円の交点の 1 つを P とする。

・手順③
　半直線 OP をひく。

❹

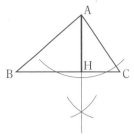

解き方 点 A から辺 BC へ垂線をひけばよい。

次の手順で作図する。

・手順①

　点 A を中心とする適当な半径の円をかき，線分 BC
との 2 つの交点をとる。

・手順②

　①の 2 つの交点をそれぞれ中心として，同じ半径
の円をかき，その円の交点をとる。

・手順③

　点 A から②の交点へ半直線をひき，線分 BC との
交点を H とする。

❺

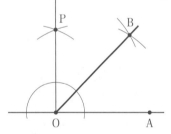

解き方 90° の角を二等分すると 45° になる。

次の手順で作図する。

・手順①

　点 O を中心とする適当な半径の円をかき，直線 OA
と 2 つの交点をとる。

・手順②

　①の 2 つの交点をそれぞれ中心として，同じ半径
の円をかき，その円の交点 P をとる。

・手順③

　点 O から②の交点 P へ半直線をひく。

・手順④

　①でかいた円と，半直線 OA，OP との交点をそれ
ぞれ中心として，同じ半径の円をかき，その円の
交点を B とする。

・手順⑤

　半直線 OB をひく。

③ 円

p.41　**Step ❷**

❶

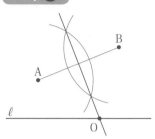

解き方 問題文より，点 O について次のことがわか
る。

・直線 ℓ 上にある。

・2 点 A，B を通る円の中心である。

　→ OA，OB は円 O の半径であり，点 O は，2 点 A，
B から等しい距離にある点であることを示している。

そこで，次の垂直二等分線の性質を使うことができ
る。

> 　2 点 A，B からの
> 距離が等しい点は，
> 線分 AB の垂直二等
> 分線上にある。たと
> えば，右の図におい
> て，PA＝PB である。

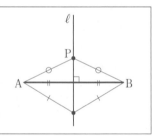

これより，線分 AB の垂直二等分線を作図し，その
垂直二等分線と直線 ℓ との交点をとると，点 O が求
められる。

参考

実際に点 O を中心として，OA を半径とした円をか
くと次のようになる。

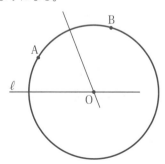

これは，点 A，点 B は円周上の点で，それを結ぶ弦
AB の垂直二等分線は円の中心を通り，その線と直線
ℓ との交点が円の中心となる問題である。

❷

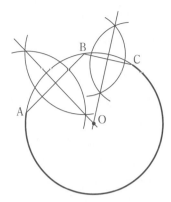

解き方 円の弦の垂直二等分線は，円の対称の軸となり，円の中心を通る。

この性質を用いる。

次の手順で作図する。

・手順①

　与えられた円の一部に適当な2つの弦 AB，BC をひく。

・手順②

　①でひいた弦 AB の垂直二等分線を作図する。

・手順③

　①でひいた弦 BC の垂直二等分線を作図する。

・手順④

　②，③の2本の垂直二等分線の交点を O とする(これが，求める円の中心 O)。

・手順⑤

　④で求めた O を中心として，OA を半径とする円をかく。

※垂直二等分線の作図はよく出てくるので，正しくかけるようにしておこう。

❸

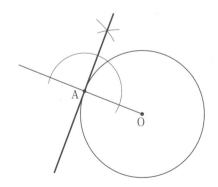

解き方 円の接線は，接点を通る半径に垂直である。よって，点 A を通り，半径 OA に垂直な直線をひけば，接線が作図できる。

次の手順で作図する。

・手順①

　半直線 OA をひく。

・手順②

　点 A を中心とする適当な半径の円をかき，半直線 OA との2つの交点をとる。

・手順③

　②の2つの交点をそれぞれ中心として，同じ半径の円をかき，その円の交点をとる。

・手順④

　③の交点と点 A を通る直線をひく。

❹

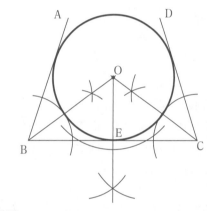

解き方 角の二等分線上の点は，その角をつくる2つの線分から等しい距離にある。この性質を用いて，次の手順で作図する。

・手順①

　∠ABC の二等分線を作図する。

・手順②

　∠BCD の二等分線を作図する。

・手順③

　①，②の2本の角の二等分線の交点を O とする(これが，求める円の中心 O)。

・手順④

　中心 O から線分 BC へひいた垂線を作図する。

・手順⑤

　④で作図した垂線と線分 BC との交点を E とし，O を中心として，OE を半径とする円をかく。

❶ (1) ∠ABD(∠DBA)　(2) ∠BEC(∠CEB)
　　(3) AC∥DE　(4) AC⊥CE

❷ (1) 正三角形③，⑤　(2) 正三角形②
　　(3) 正三角形⑥　(4) 正三角形③

❸

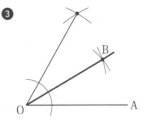

❹ (1)・(2)・(4)

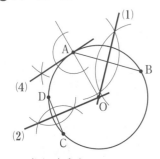

　　(3) (円の)中心

❺ (1) 周の長さ…18π cm　　面積…81π cm²
　　(2) 半径…12 cm　　　　面積…144π cm²

解き方

❶ (3) 直線 AC と DE は平行であるので，AC∥DE と
表す。
　(4) 直線 AC と DE が平行で，直線 DE と CE は垂
直に交わる。よって，直線 AC と CE も垂直に交
わる。

❷ (1) 平行移動して重なる三角形は 2 つある。
　・B から O の方向に，線分 BO の長さだけ移動さ
せた場合(⑤)
　・A から O の方向に，線分 AO の長さだけ移動さ
せた場合(③)
　(2) 点対称移動とは，180° の回転移動のことをいう。
　(3) 回転の方向をまちがえないように注意しよう。
時計の針と反対方向に回転する。
　(4) 対称の軸をまちがえないように注意しよう。直
線 BE が対称の軸となる。これにより点 A と点 C
が，点 F と点 D が重なる。

❸ 正三角形の 3 つの角の大きさは等しく，1 つの角
が 60° であることを利用して，次のように作図す
ることができる。
　① 線分 OA の長さを半径として，点 A と点 O を
それぞれ中心とする円をかき，交点をとる。
　② ①の点と点 O を線で結ぶ。
　③ 点 O を中心とする適当な半径の円をかき，②の
線と OA の交点をそれぞれとる。
　④ ③の交点をそれぞれ中心として，同じ半径の円
をかき，その交点を B とする。
　⑤ 点 O から点 B へ半直線をひく。

❹ (1) 次の手順で垂直二等分線を作図する。
　① 点 A と点 B を結び，弦 AB をひく。
　② 点 A を中心とする適当な半径の円をかく。
　③ 点 B を中心として，②と同じ半径の円をかき，
2 つの円の交点をとる。
　④ 2 つの交点を通る直線をひく。
　(2)も(1)と同様に作図する。
　(3) 円の弦の垂直二等分線は円の対称の軸となり，
円の中心を通る。
　(4) 次の手順で接線を作図する。
　① (1)と(2)の垂直二等分線の交点 O をとり，半直線
OA をひく。
　② 点 A を中心とする適当な半径の円をかき，半直
線 OA との 2 つの交点をとる。
　③ ②の 2 つの交点をそれぞれ中心として，同じ半
径の円をかき，その円の交点をとる。
　④ ③の交点と点 A を通る直線をひく。

❺ (1) 半径 9 cm の円
　この円の周の長さは，
　2π×9＝18π(cm)
　面積は，
　π×9²＝81π(cm²)
　(2) 周の長さが 24π cm の円
　求める半径を x cm とすると，
　2π×x＝24π
　x＝12
　よって，12 cm
　面積は，
　π×12²＝144π(cm²)

6章 空間図形

1 空間図形

p.45-46　Step 2

❶ (1) 頂点… 6　面… 5　辺… 9
　(2) 頂点… 7　面… 7　辺… 12

解き方 実際に立体の見取図をかいて確認するとわかりやすい。また，下のことを覚えておくと便利である。

・n 角柱の，頂点の数は $2n$ 個，面の数は $(n+2)$ 個，辺の数は $3n$ 本。

・n 角錐の，頂点の数は $(n+1)$ 個，面の数は $(n+1)$ 個，辺の数は $2n$ 本。

❷ (1) ① 正四面体　　② 正六面体(立方体)
　　　③ 正八面体　　④ 正十二面体
　　　⑤ 正二十面体
　(2) ① 正三角形　　② 正四角形(正方形)
　　　③ 正三角形　　④ 正五角形
　　　⑤ 正三角形
　(3) ① 3個　　　　② 3個
　　　③ 4個　　　　④ 3個
　　　⑤ 5個

解き方 (1) 正多面体は，問題の図の 5 種類しかない。

❸ (1) 直線 AD，直線 AE，直線 BC，直線 BF
　(2) 直線 DH，直線 CG，直線 EH，直線 FG
　(3) 平面 DHGC，平面 EFGH
　(4) 平面 ADHE，平面 BCGF

解き方 (1) 交点が，点 A，点 B だから，点 A または点 B を通る直線になる。

(2) 直線 AB と平行でなく，交わらない直線である。

(3) 直線 AB とは交わらない平面である。

(4) 平面と交わる直線は，その交点を通る平面上の 2 直線に垂直ならば，その平面に垂直である。この場合で示すと，

・AB⊥AD，AB⊥AE だから，AB⊥ADHE

・AB⊥BC，AB⊥BF だから，AB⊥BCGF

※(1)〜(4)の解答を図で表すと，右段のようになる。

(1)(2)は太い線，(3)(4)はアミの部分である。

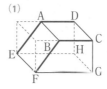
(1)

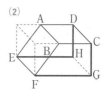
(2)

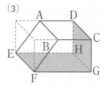
(3)

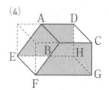
(4)

〈空間における平面と直線〉

① 同じ直線上にない 3 点をふくむ平面はただ 1 つある。

② 空間における 2 直線の位置関係には，次の 3 つの場合がある。

・1 点で交わる

・平行

・ねじれの位置

③ 空間における直線と平面の位置関係には，次の 3 つの場合がある。

・直線が平面にふくまれる

・1 点で交わる

・平行(交わらない)

④ 2 平面の位置関係には，次の 2 つの場合がある。

・交わる

・平行(交わらない)

❹ (1) 3 cm　　　　(2) 5.5 cm

解き方 平面 P 上にない点 A と P 上の点 H を結んだ線分 AH の長さがもっとも短くなるのは，AH⊥P となる場合である。

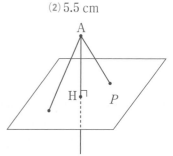

このとき，線分 AH の長さを，点 A と平面 P との距離という。

(1) 底面を △ABD とみたとき，底面に垂直になる辺は BC で，その長さは 3 cm である。

(2) 底面を △BDC とみたとき，底面に垂直になる辺は AB で，その長さは 5.5 cm である。

▶ 本文 p.46,48

⑤ ①⑦　　　②⑦　　　③⑦

〔解き方〕 直線 ℓ を軸として，長方形を 1 回転させると円柱に，直角三角形を 1 回転させると円錐になる。②は，2 つの直角三角形を 1 回転させたものとみることができる。

円柱や円錐のように，直線 ℓ を軸として，図形を 1 回転させてできる立体を回転体といい，直線 ℓ を回転の軸という。

このとき，円柱や円錐の側面をえがく線分を，円柱や円錐の母線という。

〔円柱〕　〔円錐〕

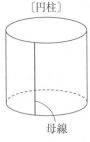

母線　　母線

また，半円を，その直径をふくむ直線 ℓ を軸として 1 回転させてできる回転体は球である。

⑥

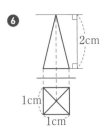

〔解き方〕 立体を，正面から見た図を立面図，真上から見た図を平面図といい，これらをあわせて投影図という。

投影図の上部には，立体を正面から見たときの図（立面図），下部には，立体を真上から見たときの図（平面図）をかく。

そこに，与えられた長さを書き込む。

また，投影図では，実際に見える線を実線——で，うしろにかくれて見えない線を破線----でかく。

⑦

〔解き方〕 立面図が長方形で，平面図が円であることから，この投影図は円柱を表したものであることがわかる。

2 立体の体積と表面積

p.48-49 **Step 2**

① (1) 15π cm^3　　　　(2) 32 cm^3

〔解き方〕 (1) 円錐の体積は，

$\dfrac{1}{3} \times$ (底面積) $\times$ (高さ) で求められる。

$\dfrac{1}{3} \times \pi \times 3^2 \times 5 = 15\pi$ (cm^3)

(2) 角錐の体積も円錐と同じ式で求められる。

この立体は，正四角錐なので，底面は正方形である。

よって，体積は $\dfrac{1}{3} \times 4 \times 4 \times 6 = 32$ (cm^3)

② ⑦ 2 cm　　　　⑦ 3 cm

〔解き方〕 正三角錐は，底面が正三角形で，側面がすべて合同な二等辺三角形である。よって，底面の辺の 1 つである⑦は 2 cm，側面の辺の 1 つである⑦は 3 cm となる。

③ (1) 弧の長さ…4π cm　　面積…24π cm^2
　 (2) 中心角…$108°$　　面積…30π cm^2
　 (3) 中心角…$150°$　　面積…15π cm^2

〔解き方〕 (1) 半径 12 cm，中心角 60° のおうぎ形

・弧の長さ　　$2\pi \times 12 \times \dfrac{60}{360} = 4\pi$ (cm)

・面積　　　$\pi \times 12^2 \times \dfrac{60}{360} = 24\pi$ (cm^2)

あるいは　　$\dfrac{1}{2} \times 4\pi \times 12 = 24\pi$ (cm^2)

(2) 半径 10 cm，弧の長さ 6π cm のおうぎ形

・中心角の大きさを $x°$ とすると，

$2\pi \times 10 \times \dfrac{x}{360} = 6\pi$　これを解いて，$x = 108$

・面積　　$\dfrac{1}{2} \times 6\pi \times 10 = 30\pi$ (cm^2)

あるいは　　$\pi \times 10^2 \times \dfrac{108}{360} = 30\pi$ (cm^2)

(3) 半径 6 cm，弧の長さ 5π cm のおうぎ形

・中心角の大きさを $x°$ とすると，

$2\pi \times 6 \times \dfrac{x}{360} = 5\pi$　これを解いて，$x = 150$

・面積　　$\dfrac{1}{2} \times 5\pi \times 6 = 15\pi$ (cm^2)

あるいは　　$\pi \times 6^2 \times \dfrac{150}{360} = 15\pi$ (cm^2)

❹ (1) 360 cm² (2) 440 cm²

解き方 (1) 角柱の表面積は,

(底面積)×2＋(側面積) で求められる。

この三角柱の場合

・底面積

$$\frac{1}{2}×5×12＝30(cm^2)$$

・側面積

$$(5×10)＋(12×10)＋(13×10)$$
$$＝50＋120＋130＝300(cm^2)$$

よって，表面積は，30×2＋300＝360(cm²)

(2) 角錐の表面積は，(底面積)＋(側面積) で求められる。

この正四角錐の場合

・底面積

$$10×10＝100(cm^2)$$

・側面積

$$\frac{1}{2}×10×17×4＝340(cm^2)$$

よって，表面積は，100＋340＝440(cm²)

❺ (1) 4π cm

(2) 中心角…144° 表面積…14π cm²

解き方 (1) 側面のおうぎ形の弧の長さと底面の円周の長さは等しい。底面の円は半径が 2 cm であるから

$$2π×2＝4π(cm)$$

(2) ・中心角

おうぎ形の弧の長さは，半径を r，中心角を $a°$ とすると，

$$2πr×\frac{a}{360}$$

で求められる。

側面のおうぎ形において，弧の長さは(1)より 4π cm，半径は 5 cm であるから

$$4π＝2π×5×\frac{a}{360}$$

$$4π＝10π×\frac{a}{360}$$

$$10π×\frac{a}{360}＝4π$$

$$a＝\frac{4π}{10π}×360$$

$$a＝144$$

また，中心角と弧の長さは比例していることから，次のようにも求められる。

半径 5 cm の円の周の長さは

$$2π×5＝10π(cm)$$

おうぎ形の弧の長さは，円周の $\frac{4π}{10π}$ つまり $\frac{2}{5}$ 倍なので，中心角の大きさは，$360°×\frac{2}{5}＝144(°)$

・表面積

(2)の問題文章中に，「(側面のおうぎ形の中心角の大きさ)を用いて表面積を求めなさい」とあるので，側面のおうぎ形の面積を求めるときに注意する。

底面積 $π×2^2＝4π(cm^2)$

側面積

$$π×5^2×\frac{144}{360}＝25π×\frac{2}{5}$$
$$＝10π(cm^2)$$

よって，表面積は 4π＋10π＝14π(cm²)

$S＝\frac{1}{2}ℓr$ でも，側面積を求めることができる。

初めの条件があるので，ここでは使わないが，求めると次のようになる。

$$S＝\frac{1}{2}×4π×5＝10π(cm^2)$$

この式を，求めた答えが正しいかどうかの確認に利用するとよい。

❻ (1) 体積…$\frac{256}{3}π$ cm³ 表面積…64π cm²

(2) 体積…36π cm³ 表面積…36π cm²

解き方 球の半径を r としたとき，その体積 V と表面積 S は，次の式で求められる。

$$体積…V＝\frac{4}{3}πr^3 \quad 表面積…S＝4πr^2$$

(1) 半径が 4 cm の球なので，

・体積 $\frac{4}{3}π×4^3＝\frac{256}{3}π(cm^3)$

・表面積 $4π×4^2＝64π(cm^2)$

(2) 直径が 6 cm なので，半径は 3 cm であることがわかる。

・体積 $\frac{4}{3}π×3^3＝36π(cm^3)$

・表面積 $4π×3^2＝36π(cm^2)$

25

❶ (1) ⑦, ⑨　(2) ⑨, ㊤
　　(3) ⑦, ⑦　(4) ㊉

❷ (1) ねじれの位置　(2) 平行
　　(3) 4 つ　(4) 平面 ABE

❸ (1) 円錐　(2) 球

❹ (1) 288 cm³　(2) 80π cm²

❺ (1) 25π cm²　(2) 50π cm²　(3) 75π cm²

❻ (1) 体積…100π cm³　　表面積…90π cm²
　　(2) 体積…972π cm³　　表面積…324π cm²

❼ 水の量…144 cm³　　x の値…$x=2$

解き方

❶ 実際に見取図をかいてみるとわかりやすい。
　(4) 球はどの方向から見ても同じ形である。

❷ (1) 直線 AB と直線 DG は平行でなく，交わらない。
　(2) 直線 DG との関係に注目すると，AE∥DG，
　　DG∥CF となるので，AE∥CF になる。
　(3) 平面 ABE，平面 ADGE，平面 DCFG，平面
　　BCF の 4 つある。

❸ 上にかかれているのが，立体を正面から見た立面
　図，下にかかれているのが，立体を真上から見た
　平面図である。
　(2) 球は正面から見ても，真上から見ても円になる。

❹ (1) 角錐の体積は次の式で求められる。
　　　$\dfrac{1}{3}×(底面積)×(高さ)$
　　底面…底辺 12 cm，高さ 12 cm の直角三角形
　　高さ…12 cm
　　よって，$\dfrac{1}{3}×\left(\dfrac{1}{2}×12×12\right)×12=288$ (cm³)
　(2) 円柱の表面積は次の式で求められる。
　　（底面積)×2＋(側面積)
　　・底面積　$π×4^2=16π$(cm²)
　　・側面積　$6×2π×4=48π$(cm²)
　　よって，$16π×2+48π=80π$(cm²)

❺ (1) 底面積は $π×5^2=25π$(cm²)
　(2) 側面のおうぎ形の弧の長さは
　　　$2π×5=10π$(cm)
　　であるから，側面積は
　　　$\dfrac{1}{2}×10π×10=50π$ (cm²)

(3) 表面積は
　　$25π+50π=75π$(cm²)

❻ (1) この回転体は，底面の半径が 5 cm，高さが
　　12 cm，母線が 13 cm の円錐である。
　・体積　$\dfrac{1}{3}×(底面積)×(高さ)$ で求める。
　　　$\dfrac{1}{3}×π×5^2×12=100π$ (cm³)
　・表面積　（底面積)＋(側面積) で求める。
　　底面積…$π×5^2=25π$(cm²)
　　側面積…側面のおうぎ形の弧の長さを求め，
　　　　　　$S=\dfrac{1}{2}ℓr$ の式を利用して求める。
　　　$\dfrac{1}{2}×2π×5×13=65π$(cm²)
　よって，$25π+65π=90π$(cm²)

(2) この回転体は，半径が 9 cm の球である。
　・体積　球の半径を r，体積を V とすると，
　　$V=\dfrac{4}{3}πr^3$ で求めることができる。
　　　$\dfrac{4}{3}π×9^3=972π$(cm³)
　・表面積　球の半径を r，表面積を S とすると，
　　$S=4πr^2$ で求めることができる。
　　　$4π×9^2=324π$(cm²)

❼ どちらの容器にも同じ量の水が入っているので，
　容器④から水の量(体積)を求めることができる。
　・容器④の水の入っている部分
　　底面…底辺 9 cm，高さ 8 cm の直角三角形
　　高さ…12 cm
　　の三角錐と考えられるので，
　　$\dfrac{1}{3}×(底面積)×(高さ)$ の式に代入すると，
　　　$\dfrac{1}{3}×(\dfrac{1}{2}×9×8)×12=144$ (cm³)
　・容器⑦の水の入っている部分
　　底面…縦 8 cm，横 9 cm の長方形
　　高さ…x cm
　　の直方体と考えられる。⑦と④の水の量は同じな
　　ので，
　　（水の入っている部分の直方体の体積)＝144
　　　$8×9×x=144$
　　　　$72x=144$
　　　　　$x=2$

7章 データの活用

1 データの整理とその活用
2 確率

p.53-55 **Step 2**

❶(1)47 点　　　(2)73.9 点　　　(3)75 点

解き方 (1)範囲は，データの最大の値から最小の値
をひいたものである。

よって，95－48＝47(点)

(2)平均値は，(10 人の合計点)÷10 で求められる。

10 人の合計点は 739 点なので，

739÷10＝73.9(点)

(3)データの数が偶数(10 個)なので，中央値はデータ
を大きさの順に並べたときの 5 番目，6 番目の値の平
均値を求める。

データを，低い得点から高い得点になるように左か
ら順に並べると，

48　56　64　68　<u>72</u>　<u>78</u>　83　85　90　95

よって，(72＋78)÷2＝150÷2＝75(点)

❷(1)20 分　　　(2)50 分

(3)・(4)

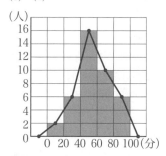

解き方 (1)度数分布表より，区間ごとの幅は 20 分で
あることがわかる。

(2)度数がもっとも大きいのは，40 分以上 60 分未満
の階級である。階級値は，階級の中央の値なので，

$$\frac{40+60}{2}=50(分)$$

(4)度数折れ線は，(3)でつくったヒストグラムの各長
方形の上の辺の中点を結んでできる折れ線グラフで
ある。このとき，ヒストグラムの左右の両端に度数 0
の階級があるものと考えて点をうつ。

❸(1)40 人　　　　　　　(2)0.4

解き方 (1)各階級の度数をすべてたせばよい。

4＋8＋16＋10＋2＝40(人)

(2)度数がもっとも大きいのは，60 分以上 90 分未満
の階級で，度数は 16 人であることがわかる。

相対度数は，度数の合計に対する，その階級の度数
の割合であるので

$$\frac{(その階級の度数)}{(度数の合計)}$$

で求めることができる。

よって，$\frac{16}{40}=\frac{2}{5}=0.4$

❹(1)ア…0.21　　　　　イ…0.08
　　ウ…0.08　　　　　エ…0.24

(2)

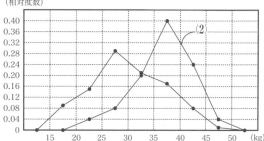

(3)(例)1 年生と比べて，3 年生の方が折れ線
グラフの山の頂上がグラフの右側にあるので，
3 年生の方が握力が強いといえる。

解き方 (1)1 年生男子について，度数が 21 人のとき
の相対度数は，$\frac{21}{100}=0.21$，度数が 8 人のときの相
対度数は，$\frac{8}{100}=0.08$ である。

3 年生男子について，度数が 2 人のときの相対度数は，
$\frac{2}{25}=0.08$，度数が 6 人のときの相対度数は，
$\frac{6}{25}=0.24$ である。

(3)(2)の 1 年生男子と 3 年生男子の相対度数の分布を
表した折れ線グラフを比べると，3 年生の折れ線グラ
フの山の頂上がより右側にあることが読みとれる。
このことから，全体の傾向として，3 年生の方が握力
が強いといえる。

⑤(1)

階級(秒)		度数(人)	累積度数(人)	累積相対度数
7.5 以上	8.0 未満	2	2	0.04
8.0 ～ 8.5		8	10	0.20
8.5 ～ 9.0		18	28	0.56
9.0 ～ 9.5		12	40	0.80
9.5 ～10.0		7	47	0.94
10.0 ～10.5		3	50	1.00
計		50		

(2) 56 %

解き方 (1) 8.0 秒以上 8.5 秒未満の階級での累積度数は，2＋8＝10(人)

また，累積相対度数は，度数の合計に対する各階級の累積度数の割合であるから，$\frac{10}{50}=\frac{1}{5}=0.20$

他の階級においても，同様にして求める。

(2) 9.0 秒未満の人数の割合は，8.5 秒以上 9.0 秒未満の階級の累積相対度数を見ればよい。

⑥(1) 0.35 　　(2) 0.65 　　(3) 0.4

解き方 (1) 表が出た割合

$=\frac{(表が出た回数)}{(投げた回数)}$ で求められる。

40 回中表が出た回数は 14 回であるから，

$\frac{14}{40}=0.35$

(2) 裏が出た回数は，40－14＝26(回)

よって，裏が出た割合は，$\frac{26}{40}=0.65$

※なお，表と裏が出る回数は 40 だから，

割合が $\frac{40}{40}=1$ と考えると，

1－0.35＝0.65 としても求めることができる。

(3) 80 回中画びょうの針が上を向いた回数は 32 回であるから，$\frac{32}{80}=0.4$

⑦ およそ 240 回

解き方 投げた回数が 1000 回と多いので，表向きの出る割合は，$\frac{400}{1000}=0.4$ と考えてよい。よって，600 回投げたときの表向きの出る回数は，

600×0.4＝240(回)と期待される。

p.56 **Step ❸**

❶(1) 19 分 　(2) 22 分

(3)

階級(分)		度数(人)	累積度数(人)	累積相対度数
5 以上 10 未満		1	1	0.04
10 ～ 15		4	5	0.20
15 ～ 20		9	14	0.56
20 ～ 25		6	20	0.80
25 ～ 30		5	25	1.00
計		25		

(4) 56 %

❷(1) 0.52 　(2) およそ 2800 回

解き方

❶(1) データの値を大きさの順に並べると，

6　10　12　13　14　15　15　16　16　18　18

18　<u>19</u>　19　20　20　20　23　24　24　25　26

27　28　28

となる。

データの数が奇数(25 個)なので，13 番目の値(19)が中央値である。

(2) 28－6＝22(分)

(3) 表の一番右は，相対度数ではなく，累積相対度数であることに注意しよう。

(4) 20 分未満の人数の割合は，表の 15 分以上 20 分未満の階級の累積相対度数を見ればよい。

❷(1) 50 回中表が出た回数は 26 回であるので

$\frac{26}{50}=0.52$

(2) 表が出た割合は，

投げた回数が 50 回のとき→ 0.52

投げた回数が 100 回のとき→ 0.59

投げた回数が 200 回のとき→ 0.58

投げた回数が 500 回のとき→ 0.55

投げた回数が 1000 回のとき→ 0.56

投げた回数が 2000 回のとき→ 0.56

よって，5000 回投げると，5000×0.56＝2800(回)

表が出ると予測できる。

テスト前 ☑ やること チェック表

① まずはテストの目標をたてよう。頑張ったら達成できそうなちょっと上のレベルを目指そう。
② 次にやることを書こう（「ズバリ英語〇ページ，数学〇ページ」など）。
③ やり終えたら□に✔を入れよう。
　　最初に完ぺきな計画をたくる必要はなく，まずは数日分の計画をつくって，
　　その後追加・修正していっても良いね。

目標

	日付	やること1	やること2
2週間前	／	☐	☐
	／	☐	☐
	／	☐	☐
	／	☐	☐
	／	☐	☐
	／	☐	☐
	／	☐	☐
1週間前	／	☐	☐
	／	☐	☐
	／	☐	☐
	／	☐	☐
	／	☐	☐
	／	☐	☐
	／	☐	☐
テスト期間	／	☐	☐
	／	☐	☐
	／	☐	☐
	／	☐	☐
	／	☐	☐

 **テスト前** ☑ **やることチェック表**

① まずはテストの目標をたてよう。頑張ったら達成できそうなちょっと上のレベルを目指そう。
② 次にやることを書こう（「ズバリ英語〇ページ，数学〇ページ」など）。
③ やり終えたら□に✓を入れよう。
　最初に完ぺきな計画をたてる必要はなく，まずは数日分の計画をつくって，
　その後追加・修正していっても良いね。

	目標

	日付	やること1	やること2
2週間前	／	☐	☐
	／	☐	☐
	／	☐	☐
	／	☐	☐
	／	☐	☐
	／	☐	☐
	／	☐	☐
1週間前	／	☐	☐
	／	☐	☐
	／	☐	☐
	／	☐	☐
	／	☐	☐
	／	☐	☐
	／	☐	☐
テスト期間	／	☐	☐
	／	☐	☐
	／	☐	☐
	／	☐	☐
	／	☐	☐

キリトリ線

数学1年 数研出版版

 QRコードのページに登録すると，「ぴたリンク」からも表をダウンロードできるよ

ズバリよくでる→直前

チェック BOOK

- テストにズバリよくでる!
- 用語・公式や例題を掲載!

数学

数研出版版

1年

赤シートで何度でも!

教 p.16～25

1 正の数，負の数

□負の数は「−」(負 の符号)をつけて表すが，正の数にも

「＋」(正 の符号)をつけて表すことがある。

|例| 0 より 2 小さい数は −2 ，0 より 3 大きい数は ＋3

□　　　　　　　　　　　　整数

……，−3，−2，−1，0，＋1，＋2，＋3，……

負 の整数　　　正の整数(自然数)

2 符号のついた数で表す

□たがいに反対の性質をもつ数量は，正の数， 負の数 を使って表すことができる。

|例| 300 円の利益を，＋300 円と表すとき，200 円の損失は

−200 円と表すことができる。

3 絶対値

□数直線上で，原点からある数を表す点までの距離を，その数の

絶対値 という。

|例| ＋5 の絶対値は 5 ，−3 の絶対値は 3 ，0 の絶対値は 0

4 重要 数の大小

□負の数 ＜ 正の数

□正の数は 0 より 大きく ，絶対値が大きいほど 大きい 。

□負の数は 0 より 小さく ，絶対値が大きいほど 小さい 。

2

1 重要 正の数，負の数の計算

□正の数，負の数の加法

	符号	絶対値
同符号の 2 数の和	共通 の符号	2 数の絶対値の 和
異符号の 2 数の和	絶対値が 大きい方 の符号	絶対値が大きい方から小さい方をひいた 差

□正の数，負の数の乗法，除法

	符号	絶対値
同符号の 2 数の積，商	正	2 数の絶対値の積，商
異符号の 2 数の積，商	負	

□乗法だけの式の計算結果の符号は，

負の数が $\begin{cases} 奇数個のとき……\boxed{-} \\ 偶数個のとき……\boxed{+} \end{cases}$

□四則の混じった式の計算の順序は，

累乗 ・かっこの中→ 乗除 →加減

2 素因数分解

□ 2，3，5，7 のように，それよりも小さい自然数の積の形には表すことができない自然数を 素数 という。ただし，1 は素数にふくめない。

□自然数を素因数だけの積の形に表すことを，素因数分解 するという。

|例| 20 を素因数分解すると，$20 = 2 \times 2 \times 5 = \boxed{2^2} \times 5$

教 p.68〜75

1 重要 文字式の表し方

□❶ 乗法の記号×を はぶく 。

|例| $a \times b =$ ab ←ふつうはアルファベットの順に書く。

□❷ 文字と数の積では，数を文字の 前 に書く。

|例| $x \times 2 =$ $2x$

□❸ 同じ文字の積は， 指数 を使って書く。

|例| $x \times x =$ x^2

□❹ 除法の記号÷を使わず， 分数 の形で書く。

|例| $x \div 3 =$ $\dfrac{x}{3}$ ←$\dfrac{1}{3}x$ と書いてもよい。

2 いろいろな数量の表し方

□文字式の表し方にしたがって，いろいろな数量を文字式で表すことができる。

|例| 3000円を出して，1本 x 円のジュースを5本買ったときのおつりを文字式で表すと，代金は $5x$ 円だから，おつりは，

($3000-5x$)円

3 式の値

□式の中の文字を数におきかえることを，文字にその数を 代入する という。

□代入して計算した結果を，そのときの 式の値 という。

|例| $x = -2$ のとき，$5-x$ の値は，

$5-x = 5-(-2) = 5+$ 2 $=$ 7

2章 文字と式

教 p.78〜91

1 1次式のまとめ方

□文字の部分が同じ項は，$mx+nx=\boxed{(m+n)x}$ と，まとめて計算することができる。

2 1次式の加法

□文字の項，数の項をそれぞれまとめる。

例 $(3a-2)+(-2a+1)=3a-2-2a+1$

$\qquad\qquad\qquad\quad =3a-\boxed{2a}-2+1$

$\qquad\qquad\qquad\quad =(3-2)a+(-2+1)$

$\qquad\qquad\qquad\quad =\boxed{a-1}$ ← a と -1 はまとめられない。

3 重要 1次式と数の乗法

□項が2つある1次式と数の乗法では，

$\quad m(a+b)=\boxed{ma+mb}$

といった分配法則を使って計算する。

4 関係を表す式

□a と b は等しい …… $a\boxed{=}b$ } 等式

□a は b 以上である…… $a\boxed{\geqq}b$

□a は b 以下である…… $a\boxed{\leqq}b$

□a は b より大きい…… $a\boxed{>}b$ } 不等式

□a は b より小さい…… $a\boxed{<}b$
（a は b 未満）

1 重要 等式の性質

□❶　等式の両辺に同じ数をたしても，等式は成り立つ。

$A=B$　ならば，　　$A+C=\boxed{B+C}$

□❷　等式の両辺から同じ数をひいても，等式は成り立つ。

$A=B$　ならば，　　$A-C=\boxed{B-C}$

□❸　等式の両辺に同じ数をかけても，等式は成り立つ。

$A=B$　ならば，　　$AC=\boxed{BC}$

□❹　等式の両辺を同じ数でわっても，等式は成り立つ。

$A=B$　ならば，　　$\dfrac{A}{C}=\boxed{\dfrac{B}{C}}\ (C\neq0)$

2 1次方程式を解く手順

□❶　必要であれば，$\boxed{\text{かっこ}}$ をはずしたり，係数を整数にしたりする。

□❷　x をふくむ項を左辺に，数の項を右辺に $\boxed{\text{移項}}$ する。

□❸　$ax=b$ の形にする。

□❹　両辺を x の $\boxed{\text{係数}\ a}$ でわる。

|例|　　　　$4x+2=3(-x+3)$　　❶
　　　　　　$4x+2=\boxed{-3x+9}$　　❷
　　$4x\boxed{+}3x=9\boxed{-}2$　　❸
　　　　　　　　$7x=7$　　❹
　　　　　　　　$x=\boxed{1}$

3 比例式の性質

□$a:b=c:d$　のとき　$\boxed{ad=bc}$

教 p.124〜133

1 関数

□ 2つの変数 x, y について， x の値が1つ決まると，それに対応して y の値がただ1つに決まるとき， y は $\boxed{x \text{ の関数}}$ であるという。

□変数のとりうる値の範囲を， $\boxed{\text{変域}}$ という。

|例| 変数 x の変域が，2以上5未満のとき，$2 \boxed{\leqq} x \boxed{<} 5$

2 重要 比例

□ y が x の関数で， $y=ax$ で表されるとき， y は x に $\boxed{\text{比例する}}$ という。このとき，文字 a は定数であり， $\boxed{\text{比例定数}}$ という。

□比例 $y=ax$ では， $x \neq 0$ のとき $\dfrac{y}{x}$ は一定で，その値は $\boxed{\text{比例定数 } a}$ に等しい。

□比例の関係 $y=ax$ では， x の値が2倍，3倍，4倍，……になると， y の値も $\boxed{2 \text{ 倍，} 3 \text{ 倍，} 4 \text{ 倍，} ……}$ になる。

3 座標

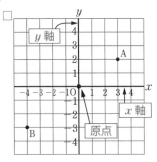

□左の図の点 A の位置を表す数の組み合わせ(3, 2)を点 A の $\boxed{\text{座標}}$ という。

|例| 左の図で，点 B の座標は

$(\boxed{-4}, \boxed{-3})$

1 比例のグラフ

□比例 $y = ax$ のグラフは， 原点 を通る直線である。

□$a > 0$　右上がり

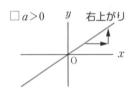

$a < 0$

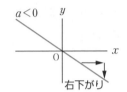

右下がり

2 重要 反比例

□y が x の関数で， $y = \dfrac{a}{x}$ で表されるとき， y は x に 反比例する という。このとき，文字 a は定数であり， 比例定数 という。

□反比例 $y = \dfrac{a}{x}$ では，積 xy は一定で，その値は 比例定数 a に等しい。

□反比例の関係 $y = \dfrac{a}{x}$ では， x の値が2倍，3倍，4倍，……になると， y の値は $\dfrac{1}{2}$ 倍， $\dfrac{1}{3}$ 倍， $\dfrac{1}{4}$ 倍， …… になる。

3 反比例のグラフ

□反比例 $y = \dfrac{a}{x}$ のグラフは， 双曲線 である。

□$a > 0$

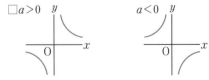

$a < 0$

教 p.235〜246

1 重要 相対度数

□相対度数＝$\dfrac{その階級の度数}{度数の合計}$

2 累積度数

□度数分布表において，各階級以下または各階級以上の階級の度数を
たし合わせたものを 累積度数 という。

|例| 下の表は，A 班の通学時間をまとめたものである。

階級(分)	度数(人)	累積度数(人)
0 以上 〜 10 未満	2	2
10 〜 20	3	5
20 〜 30	2	7
計	7	

累積度数を表にまとめたものを 累積度数分布表 という。

□度数の合計に対する各階級の累積度数の割合を 累積相対度数 と
いう。

3 確率

□あることがらの 起こりやすさの程度 を表す数を，そのことがら
の起こる確率という。

数研出版版・中学数学 1 年

教 p.229〜234

1 代表値

□平均値，中央値，最頻値のように，データの分布の特徴を表す数値
を，データの 代表値 という。

2 データの範囲

□データのとる値のうち，最大のものから最小のものをひいた値を
範囲 という。

|例| 数学の小テストの点数を下の表のようにまとめた。

回数(回)	1	2	3	4	5	6	7	8	9	10
点数(点)	8	10	9	4	7	8	6	9	5	6

このとき，最大の値は 10 ，最小の値は 4 ，

範囲は 10 − 4 = 6 (点)

3 重要 度数分布表とヒストグラム

□階級の中央の値を 階級値 という。

□各階級にふくまれるデータの個数を，その階級の 度数 という。

□各階級にその階級の度数を対応させ，データの分布のようすを示し
た表を 度数分布表 という。

□度数分布表を，柱状グラフで表したものを ヒストグラム といい，
ヒストグラムの各長方形の上の辺の中点を結んでできる折れ線グラ
フを， 度数折れ線 という。

6章 空間図形

教 p.206～219

1 [重要] 角錐，円錐の体積

□角錐，円錐の底面積を S，高さを h，

体積を V とすると， $V = \boxed{\dfrac{1}{3}Sh}$

□円錐の底面の円の半径を r，高さを h，

体積を V とすると， $V = \boxed{\dfrac{1}{3}\pi r^2 h}$

2 [重要] 円柱と円錐

	底面の数	底面の形	側面	側面の展開図
円柱	2	合同な円	曲面	横の長さが 底面の円の周 の長さに等しい 長方形
円錐	1	円	曲面	弧の長さが 底面の円の周 の長さに等しい おうぎ形

3 おうぎ形の弧の長さと面積

□半径が r，中心角が $a°$ のおうぎ形の弧の長さを ℓ，面積を S とすると，

$$\ell = \boxed{2\pi r \times \dfrac{a}{360}} \qquad S = \boxed{\pi r^2 \times \dfrac{a}{360}} \quad \text{または} \quad S = \boxed{\dfrac{1}{2}\ell r}$$

4 球の体積と表面積

□半径 r の球の体積を V，表面積を S とすると，

$$V = \boxed{\dfrac{4}{3}\pi r^3} \qquad S = \boxed{4\pi r^2}$$

1 回転体

□直線 ℓ を軸として，長方形を1回転させると 円柱 に，直角三角形を1回転させると 円錐 になる。このように，図形を1回転させてできる立体を 回転体 という。このとき，円柱や円錐の側面をえがく線分を，円柱や円錐の 母線 という。

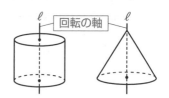

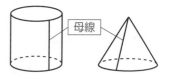

2 投影図

□立体を，正面から見た図を 立面図 といい，真上から見た図を 平面図 という。
立面図と平面図をあわせて，投影図 という。

3 角柱，円柱の体積

□角柱，円柱の底面積を S，高さを h，体積を V とすると，$V=$ Sh

□円柱の底面の円の半径を r，高さを h，体積を V とすると，$V=$ $\pi r^2 h$

1 いろいろな立体

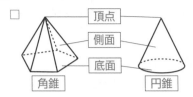

角錐　　円錐

2 空間における平面と直線

□空間における2直線の位置関係

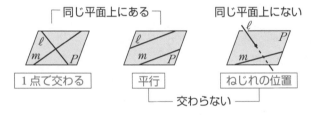

┌─ 同じ平面上にある ─┐　　同じ平面上にない

1点で交わる　　平行　　ねじれの位置

└──── 交わらない ────┘

□空間における直線と平面の位置関係

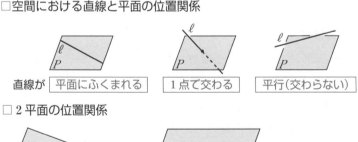

直線が　平面にふくまれる　　1点で交わる　　平行（交わらない）

□2平面の位置関係

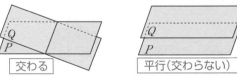

交わる　　平行（交わらない）

円の性質

□円周上の点と中心との距離は一定で，この一定の距離が │半径│ である。

□右の図のように，円周上の2点A，Bを両端とする弧を弧ABといい，│ $\overparen{AB}$ │ と表す。また，円周上の2点A，Bを結ぶ線分を弦ABという。

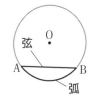

□円の弦のうちもっとも長いものは，その円の │直径│ である。

□円の弦の性質

円の弦の垂直二等分線は，円の対称の軸となり，│円の中心│ を通る。

□円の周の長さと面積

半径 r の円の周の長さを ℓ，面積を S とすると，

$\ell=$ │ $2\pi r$ │　　　$S=$ │ πr^2 │

2 円の接線

□右の図のように，円と直線が1点だけを共有するとき，円と直線は │接する│ といい，接する直線を │接線│，共有する点を │接点│ という。

□円の接線の性質

円の接線は，接点を通る │半径│ に垂直である。

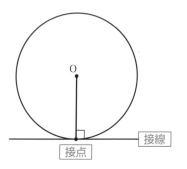

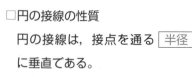

① 図形の移動

□ 平行移動

対応する2点を結んだ線分どうしは 平行

で，その 長さ はすべて等しい。

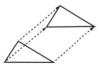

□ 回転移動

対応する2点は，回転の中心 からの距離が等し

く，対応する2点と回転の中心とを結んでできた

角の大きさ はすべて等しい。

□ 対称移動

対応する2点を結んだ線分は，対称の軸と 垂直

に交わり，その交点 で2等分される。

② 重要 作図の基本

□ 垂直二等分線

□ 角の二等分線

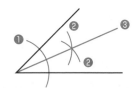

□ 直線上にない点を通る垂線

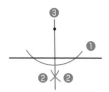

□ 直線上の点を通る垂線

線と線分

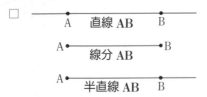

2 角の表し方

□右の図のような角を $\boxed{\angle ABC}$ と表し，
角 ABC と読む。

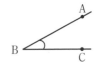

3 垂直な2直線

□2直線 AB，CD が垂直に交わるとき，
$\boxed{AB \perp CD}$ と表す。

□2直線が垂直に交わるとき，一方の直線
を他方の直線の $\boxed{\text{垂線}}$ という。

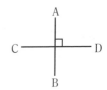

4 平行な2直線

□平面上の交わらない2直線は平行で
あり，2直線 AB，CD が平行である
とき，$\boxed{AB /\!/ CD}$ と表す。

5 重要 三角形の表し方

□右の図で3点 A，B，C を頂点とする
三角形 ABC を $\boxed{\triangle ABC}$ と表す。

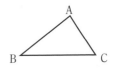